女人，别让自己死于一事无成

张洁 著

湖南人民出版社

图书在版编目（CIP）数据

女人，别让自己死于一事无成 / 张洁著. —长沙：湖南人民出版社，2020.1（2020.8）
ISBN 978-7-5561-2333-9

Ⅰ. ①女… Ⅱ. ①张… Ⅲ. ①女性—成功心理—通俗读物 Ⅳ.①B848.4-49

中国版本图书馆CIP数据核字（2019）第232794号

NUREN BIE RANG ZIJI SI YU YISHIWUCHENG

女人，别让自己死于一事无成

著　　者	张　洁	
出版统筹	张宇霖	
监　　制	陈　实　张玉洁	
产品经理	傅钦伟　刘　婷	
责任编辑	田　野	
责任校对	李　茜	
封面插画	桑　子	
封面设计	泽信策划设计	

出版发行　湖南人民出版社［http://www.hnppp.com］
地　　址　长沙市营盘东路3号
电　　话　0731-82683357

印　　刷　湖南凌宇纸品有限公司
版　　次　2020年1月第1版
　　　　　2020年8月第2次印刷
开　　本　880 mm × 1230mm　　1/32
印　　张　8
字　　数　150千字
书　　号　ISBN 978-7-5561-2333-9
定　　价　39.80元

营销电话：0731-82683348（如发现印装质量问题请与出版社调换）

这世界，正在惩罚放弃自己的女人。

"她力量"，正在改变世界！

最"凶狠"的温柔，最"恶意"的善良，最"强悍"的优雅，女人逆袭之势，来势汹汹！

敢在这个荒诞的世界里奋勇拼搏的女人，注定伟大。

歌女的歌，剑客的剑，文人的笔，以及女人的本事，只要不死，都是不能放弃的。

婚姻易碎，爱情易毁。所以，我们要日夜兼程地追求物质和精神的独立。

"我一生渴望被人善待于温室，仔细呵护，温柔相待，免我惊，免我苦，免我流离失所，免我无枝可依。多年之后，我才知道，那人原是我自己。残酷的世界，我们可以依靠的，唯有自己。"

要想改变这个世界，首先要成为制定规则的人。很多时候，我们为事业打拼，并不是追求金钱本身，而是其背后的自由与选择的权利。

时间不会停滞，社会也不会停滞，停滞的只有你自己。

　　你羡慕着那些圆满与顺遂，你畅想着所有的欢乐都陪伴着你，仰首是春，俯首是秋；你愿所有的幸福都追随着你，月圆是画，月缺是诗。那不是生活，那是汪国真的诗。

这寂寥清冷的人间剧场，一个人要从开场走到落幕，是多么不易。

我们每个人都更愿意接近美好的人或事物，你的丈夫也如此。所以，别在混沌黑暗中沉寂太久，当你在黑暗中隐藏着你油腻的身躯时，连你的影子都会离开你。

重重叠叠的文字背后，改变的不只是你的底蕴，更是你的命运。

　　我们读了大学，读了研究生，可是很多时候，面对抑郁症，我们还是会渴望神来拯救陷入困苦的灵魂，这是源于绝望。神，真的会来救赎吗？会的，这是源于对生命的信仰。

金钱，是被铸造出来的自由。

别低估生活的恶意，更别低估自己的能力。剧情远没到高潮，你还有翻盘的机会。如果实在熬不住，就去喝一杯吧，酒是成年人的糖……

序
十年饮冰， 难凉热血

——以末

每个人都会死，但并不是每个人都真正活过。张洁，是我见过的活得最淋漓尽致的一个人。

多年前，我与她在北京一家公司共事，因同样来自东北，又同样非科班出身而互相关注。那时我负责做策划，她负责写稿子，每当我被领导虐的时候，她都会陪我去门口抽烟，不过她不抽，她是我们这个圈子里为数不多的不碰烟的人。她只是吃，每次写不出稿子时，她都是一边香甜地吃，一边愁苦地思考。

10年前，还是应届生的她，在我们公司绝对是一个奇葩的存在，上班第一天出的稿子就可以拿来用，是的，她在文字上的造诣是天生的。没过多久，文字就成全了她，书商、出版社开始陆续找她，作为一名新人，她眼前的机会意外地唾手可得。那时的她，风光得像一个英雄，可是她忘了，英雄也有过不去的江东。

后来，我转行，她离京。她走之前我问她："想好了吗？回到东北，你就什么都不是。"她目光坚定且执拗地表示那边有人等她。

再后来，等她的人走了，她在相同的时间和地理位置与另外一个人幸福地举行了婚礼。是的，她对人生的掌控程度同文字一样强力，至少在让自己幸福这件事上，她超越了大多数人。

就这样，她以我无法想象的速度完成了人生中的三件大事：结婚、考研、生子。而这三件事，都是在属于她的江东完成的。2014 年前后可以说是图书行业的寒冬，而她所在的东北，基本属于不毛之地，我曾以为她会如我一样的大多数——远离萧瑟的图书市场，选择有五险一金，"保温杯里泡枸杞"的安逸稳定的工作；或向沉沦的商业趣味妥协，刻意取媚讨好消费者。偏偏这个很"刚"的姑娘，依旧我行我素，只写自己想写的，并且不管多艰难，都不愿离开。

她告诉我：不放弃，不是舍不得从前的成就，而是舍不得未来去改变。

那几年她的事业真的很艰难，和原来的人断了联系，被广告商骗过酬劳，作者署名在书上市前被换掉……远在北京的我想去劝她，可是说不出口，毕竟作为一名写"鸡汤"和

"黑鸡汤"的人，她太懂了，所有的安慰都像套路，她都会在心里暗暗反驳。

她曾问我，以 33 岁的"高龄"去谈论梦想和坚持，会不会显得矫情。我告诉她，那些听不见音乐的人，觉得那些跳舞的人疯了。

很多事情，我没做到，但我希望她做得到。毕竟万马齐喑中，总得有人逆流而上，在麻木与炎凉中发出呐喊，振聋发聩。

10 年了，这 10 年她离开出版社，办公众号、出书、写广告、写专栏。她一直按自己的意愿活着，永不疲倦，也不认屎，真诚且执拗。

在一次次的努力、一次次的历练后，她终于为自我赋能，蜕变成理想的模样。也是从这时起，许多公众号开始转载她的文章，她的作品也登上图书销量排行榜。

现在的她，过着幸福完美的生活：一方面，全职自由写作、旅行、烹饪、读书、跑步、看电影，人生状态出世而超脱；另一方面，她的作品备受读者喜爱，成为众多年轻女性入世营生、自我改变的行为导引。她既实现了自我价值，又在出世和入世之间找到一条中庸之道，保持着微妙的平衡。

得意时，全力以赴地拼。失意时，洗手做羹汤，认真经营家庭生活和自己。她总是能找到自己的节奏。或许吧，刻意去求的东西，往往是得不到的，天下万物的来和去，都有它自己的时间。她比谁都明白这个道理。

第一次读张洁的文字，你可能会稍感不适，与时下清新温暖的心灵鸡汤相比，她的行文风格是泥石流般的存在。书中没有云卷云舒、岁月静好，有的只是疾风暴雨世事残忍。她犀利的言辞就像混沌人生中的一把利刃，毫不留情地刺痛我们敏感的神经，戳破我们所有不着边际的幻想。可是治沉疴必下猛药，在大夫霹雳手段的背后，谁又能说不是一副菩萨心肠。

这世间大雨滂沱，万物苟且而活，若不想沉沦，就冲杀出去吧！好在这本书已经为我们开好了路，你的所有不安、迷茫、妥协、悲伤，在这里都能找到新的指引和改变的力量。

混沌世界，总有星辰开道，而这本书，相信就是你的星辰。所以即使荆天棘地，也不必畏惧。人生只有一次，愿你领略山河，不枉此行。

希望每一位读完本书的朋友，都能看到作者有趣的灵魂，以及她为女性权益作出的尝试。大地丰盈，人间并不寂寥。相信那些触动我的，也一定能触动你。

最后祝作者新书大卖，永远朝气蓬勃，永远风华正茂，永远胃口大开。

目 录

前言

女人狠起来，
还要男人做什么

我二十几岁的时候，又叛逆又纯粹又专注又偏执，爱憎分明，有血有肉，目空一切的外表下，其实对一切都心怀畏惧。后来诸多的刁难与我不期而遇，所有的努力都显得虚张声势、苍白无力，我一次次感到自己的渺小与软弱、卑微与可笑。终于，我一点点"黑化"了。

"黑化"后的自己，又圆滑又通透又懂事又强悍，左右逢源，肆无忌惮，嘴上言不由衷，人前温柔乖巧，内心百炼成钢，人生中还有什么能比这更加恐怖的吗？

有啊，被社会打压下的摸爬滚打很恐怖；婚姻中因攀附，在尊严上的短兵相接很恐怖；身无分文贫病交加，无力供养父母、照顾孩子很恐怖。这就是真实的世界，善拖着恶前行，温暖中也要夹杂着些许狠辣，只因安危很多时候在于强弱，不在于是非。

尼采说："在世人中间不愿渴死的人，必须学会从一切杯子里痛饮。在世人中间保持清洁的人，必须懂得用脏水也可以洗身。"身为女人，最能自保的处世之道就是，对世俗不屑一顾，同时又与其同流而不合污。

所以，不管是事业或是婚姻，你都该多一份私心，因为这可能是你在困顿中，唯一可以自救的筹码。

反思一下你的前半生，都在做什么？挥舞着小皮鞭，对着镜子里的自己连抽带打，耗费了全部精力和时间，去成就男人的人生，那你的人生呢？

婚姻就像跷跷板，一定要保持微妙的平衡，否则他升得越来越高，也就意味着你越来越低，到最后，你将他送至巅峰，可他却不屑于俯视低处的你，怪谁呢？怪你自己啊！你把自己熬得双眼浑浊，皮肤粗糙，身材臃肿，胸部下垂，还念念叨叨。你活成了他的亲妈，就不能怪他不把你当妻子了。

一个人经济不独立，那么连发飙的时候，心里都是虚的。在这个凉薄的世界里，如果你依赖着男人才得以生存下去，那么在他的认知里，你对婚姻唯一的贡献就是一个生儿育女的工具。所以，你的这份依赖，随时都会崩盘。你不能永远靠着他的良心过活，人性经不起这些，它更需要的是保全、掩护、遮盖。

这世界的无能为力已经太多了，我多希望你能有心有力。生命那么短，风光要看尽，好酒要喝完，你应该享受这个世界，而不是蹉跎自己的年华。如果你已经失败够久了，那就与过去诀别吧，人生不只有十年如一日的苦行僧，还需要浪子回头的逆袭者。人性中最伟大的光辉，并不在于永不跌倒，而是跌倒后还能爬起来。

是的，我在这条路上跌倒了无数次。天资愚钝，生性懒惰，可我却坚持写了十年的字，我这样潦草的人走到今天，实属不易。

今天这本书再一次截稿了，它是我人生中的第四本书。我想举杯，敬一敬我的坚持，我的孤勇，我人生中坚持下来的事并不多，事业算唯一的一个。我希望，你也能。

我想描绘一幅唐朝盛世图，有英明的君主，有睿智的宰相，有强悍的公主，有辉煌的未来，有母系氏族的荣光。是的，有女人。

1

唯有事业，能给你尊严

"我养你"
是这个时代最坏的毒药

别把自己的一生交给谁，在阳光正好的日子里，
留点努力给自己，留点空间给对方，
留点体面给未来。

周星驰的电影《喜剧之王》中有一句经典台词：

尹天仇对着柳飘飘深情款款地说："不上班行不行？"

柳飘飘："不上班你养我啊？"

尹天仇："我养你啊！"

"我养你"真是一句动人的情话，让你瞬间激动不已，火花四溅。然而，感动之后呢？是什么？是尴尬。

男人自信满满地跟你说："你照顾好家就行了，我来养你。"然后，你欢快地去给对方核算，你的一日三餐要花多少钱，衣服鞋包要花多少钱，美容护肤要花多少钱，交友聚会要花多少钱，然后告诉对方一个确切的数字。这激情也就退却了，人也就萎靡了。

男人所谓的"养"，指的是"你在家做饭、洗衣服、看孩子、照顾老人"的我养你，而不是"你在外逛街、做SPA、聚会、健身"的我养你。他们的核心意思和首要条件其实是你要"照顾好家"，而偏偏还要在这四个字后面加上"就行了"，仿佛照顾好家这件事，是无比简单的一件小事，那语气，就像轻描淡写地说："你去海淀给我买栋楼就好了。"

前阵子，去了一个久违的朋友那里做客。

她叫 Elena，在大学时就十分妖娆漂亮，最善撩汉，常常手臂上的夜店入场章还没洗掉，就冲进教室。拿到毕业证的时候，她同时也拿到了一枚卡地亚的钻戒，大得惊人。

帮我打开门的时候，我惊讶地发现，万年不脱妆的她不仅没化妆还满脸油腻，头发乱糟糟地扎成一个马尾，穿着肥肥大大的睡衣，还没穿内衣。

我环顾了一下这个屋子，沙发、茶几、榻榻米上到处都是衣服和杂物，角落里堆着还没来得及收的垃圾，厨房的水池里，堆着满满的锅碗瓢盆，油迹和食物残渣到处都是。

我问她："你处女座的洁癖治愈了？"

她尴尬地笑笑，告诉我生完孩子什么都治愈了，从前那些享乐和小矫情，似乎已经是很多年前的事了。她现在所有精力都在家庭上，可即便这样老公也已经很久没有回来了，或许是忙，或许是假装忙。婆婆总是不喜欢她，觉得她不会持家，更不会赚钱。前几天小姑来借钱，还一脸趾高气扬的样子，话里话外的意思就是，那都是我哥赚的，与你无关。她觉得生活越来越没意思了。

的确没意思，被圈养，就是失去自我的过程。所以说，"我养你"是这个时代最坏的毒药。

打着爱情的幌子空手套白狼，你真有这个把握万无一失吗？这个世界是守衡的，物和物、人和人，都需要等价交换。你最后换来的是什么？用无可替代的灵魂和未知的前程换取随时能赚来的物质，亲爱的，你亏大了。

后来 Elena 告诉我，结婚七年，老公为了另一个女人要和她离婚，她不同意，他搬出去了，还断了她的信用卡，每个月只给两千块家用。她又问我，如果再生一个宝宝，老公的心思会不会回归家庭？我被她的"神"逻辑惊呆了。

之后，一次同学聚会，Elena 没来，大家都在讨论她过得怎么样，我不语。有一个男生说看她的微博，她在国外，游走于不同国家：在伊斯坦布尔学剪羊毛；在吉普赛选扎染的长裙；在迪拜选珠宝；在印尼的某一个厨房里，辨别着香料做浓汤。可是上面的照片没有她本人，只是一些风景照，而这些风景照，有几张他在百度上见过。

原来，一个人的狼狈和贫穷，是连遮带掩也挡不住的。

好的婚姻，有一半都是阴谋。可惜 Elena 最初就谋算错了，而后又不肯放手，舍不得这七年的婚姻，最后只能惩罚自己搭上一个又一个七年。

她始终不明白的是，活着太难了，我们毕生都要唱念做打，一遍又一遍，才能换取物质上的些许满足。而跳跃这一规则的后果，就是余生加倍地补上。

那句"我养你"本就是毒药，可你却甘之如饴。所以，别把自己的一生交给谁，在阳光正好的日子里，留点努力给自己，留点空间给对方，留点体面给未来。

为什么不要做微商？

任何只依靠人情做的生意，都是在透支自己人脉的额度，包括保险业。

清晨的第一缕阳光透过纱帘，照射到我的脸上，暖洋洋的。我端起一杯咖啡，袅袅芳香，心旷神怡。这时的世界无比清净，真好。

静心之际，拿起手机，想发一条朋友圈，刚点开就似拐进了贴满牛皮癣小广告的胡同里。那种海报模糊不清 PS 痕迹却无比清晰，并佯装无数人追捧已经断货的硬广告，如果不是看在多年老同学的分上，凭你这么羞辱我的智商，我绝对不会忍你到第三个回合。

微商，是信息科技进步的产物，然而这个产物却并不成熟，它充其量只能算是个违规经营占道的小摊贩。我们去商场、逛淘宝是为了购物，那刷朋友圈呢？难道也要带个购物车吗？马路是用来通行的，摊贩太多了，别人怎么能容你。

当然，我不是在否定微商，我否定的是大部分微商的智商。怎么说呢，以目前大多数人在朋友圈刷硬广告、晒名人合影、炫富等手段展示出来的智商，根本玩不动微商。

生意或许可以零门槛，但商业肯定不行。你以为你没事发个朋友圈，到点听上级的培训指导课程就行了吗？但凡商业就要有自己的运作模式，其中最重要的一个环节就是售后服务。因为微信买东西不像在商场，商场是一个实体，也不像淘宝有各种保障跟踪和评价制度，微商所有的保障都是口头承诺，而且一旦违约没有惩罚机制。讲到这里或许你要提微店，但就目前来看微店并没有发展起来。

所以说，微商现在的交易大部分还是靠熟人刷脸，但是这个过程中绝大多数人都没做到扩散与转介绍，所以脸刷完了怎么办呢？

再说产品质量，实在堪忧，尤其是化妆品类。我的一个同学，受身边人鼓动，在朋友圈里卖面膜。一开始就是试着卖，也没想加盟，没想到市场反应还挺好，索性交了两万加盟费准备大干一场，可是交完钱之后一盒面膜都没卖出去，于是赶紧找上线领导求助。上线领导倒也热情，一顿批评指导，帮助伪造购买截图，发货截图，以及好评截图，然而还是反响平平。后来想想，之前卖的面膜都是陌生人主动添加她买的，应该也都是上线领导自己安排的，他们赚的主要是加盟费，而不是产品的利润。

当然，这种低质量、攒人头的情况近半年有所好转，但也别想得太好。微商的发展，还有很长一段路程要走。如果你真的想加入，不妨先去尝试做自媒体，去吸粉，去获得大众的关注力，如果你这点能力都没有，说明你真的做不了微商。任何只依靠脸面做的生意，本质上都是在透支自己人脉的额度，包括保险业。

只有你能圈粉带来流量，能尝试着写软文和文案了，才可以开始考虑赚钱的事。这本来就是个漫长的过程，任何成功的微商营销都不是一蹴而就的，这一点可以参考公众号"年糕妈妈"。所以如果你只是做一个底层的代理，而不想打造自己的品牌项目，那意义并不大，因为底层的代理，其实也就是顶层的消费者。

人生总是令人困惑，很多时候朝着一个方向努力地走，尽管已经精疲力尽，但最终依然逃脱不了失败者的命运。所以，有些时候，不妨停下前进的脚步，看看自己努力的目标和位置是否是对的。反思一下吧，你真的适合做微商吗？

对于跨过 30 岁门槛的女人来说，人生已经进入另一段奋斗的旅程。时间和精力都不能再允许我们行差踏错。我们一定要为自己选择好一个定位。毕竟这个年龄的女人，已经不再年轻，如果还不知道自己要干什么，不清楚自己在哪一方面最有优势，那实在是悲哀。

很多人总认为投身于时下炙手可热的行业，就俨然处于光环的中心，梦寐以求的财富唾手可得，自我价值的实现指日可待。可是往往等他们兜兜转转了很多圈，才恍然大悟，原来自己真正喜欢也能做好的事情并没有付诸实践，而自己一直追求着的事物根本没有意义。

如果你在错误的路上，奔跑也没有用。

你的后半生，
谁来救赎？

如果你已经过了 30 岁，那么请你回头看看，你的前半生到底有没有押错宝？后半生，又要怎么过？

今天，我想讲个故事。

和所有好故事的开端一样：上帝出现了。故事的另一个主角是一个慈祥的父亲。

这位父亲对上帝说："上帝啊，感谢您赐予我这么可爱的女儿！如果可以，请您赐予她美貌。"于是，上帝照办了。

美貌

转眼间，小女孩长大了。她有着水汪汪的大眼睛，浓密的睫毛，肌肤如雪，身段妖娆。因为美貌，她的人生比同龄人顺畅太多了，占尽风流。

她不需要像普通姑娘那样，为吃饭穿衣，用尽所有的力气，也不需要为赢得一份爱情，花光所有的真心。她随心所欲地指挥男孩子们干各种事，毫不费力地抢走闺蜜的男朋友，她的人生既放肆又潇洒。她一直以为这份好运是终身制，直到后来轨迹生变，她才明白美貌只是入场券……

女孩最终嫁给了一个家境殷实的青年才俊，让人羡慕得发狂。

这青年才俊是一位建筑师，每天工作超过 12 个小时，而她无业在家，每天睡眠超过 12 个小时，剩下的 12 小时，就是闲得发慌。

因为无事可做，她时不时就会打电话给老公，东拉西扯。男人刚开始还挺宠溺，后来就越来越敷衍。时间久了，女孩越来越担心，不安之下，她想到了整容，先是打针，垫鼻子，最后发展到额骨缩小，胸部填充。

遗憾的是，每日疲于奔波的男人并没有对她青睐有加，相反的，他觉得这个只会照镜子的漂亮皮囊，既荒谬又无趣。最终，男人爱上了同一办公室里，每日风风火火、精彩纷呈的女人。

如同《我的前半生》的剧情一样，漂亮的女主没能敌得过努力的二奶，他们以离婚散场。但真实的生活并没有电视剧中那么励志，女孩想不明白，自己这么美丽，且不遗余力地向美丽奔赴，为何最终还是被抛弃了？

所以我说，男才女貌，从来就不是一个好的搭配。用灵魂和皮囊沟通，可行吗？

离婚后，她从开始的愤愤不平，到后来的郁郁寡欢，自暴自弃，抽烟喝酒。

40岁那年，因为长期的不规律生活，她被查出胃癌。确诊的时候，胃里已经长满了癌细胞，胃镜都下不去了。

她恃美行凶半辈子，最后绕不过去的还是这个坎儿。

爱人

女孩最终还是病逝了。给她操办葬礼的时候，父亲老泪纵横。

这时，上帝又出现了。悲伤的父亲祈求上帝："仁慈的上帝，如果可以，请您让她重活一生，并赐予一个真正爱她的男人吧。"

这一次，上帝又满足他了。

没有了美貌的女孩，变得十分普通。她嫁入的家庭家境贫寒，婆婆挑剔倔强，幸好丈夫毫无二心。

女孩在一家旅行社上班，每日早出晚归，面对复杂的人事纷争，顾客刁难，常常力不从心。回到家还要应付婆婆事无巨细的挑剔，更是雪上加霜。

丈夫虽然很爱她，但是夹在两个女人中间，左右为难，常常被婆婆怪罪养了个白眼狼，时间久了，也不敢明目张胆地维护她。婚姻一地鸡毛，日子过得像打仗一样。

面对女孩委屈落泪，父亲难过极了。

他思考了很久，来到了教堂，祈求道："万能的上帝，我的女儿实在太苦了。如果可能，请您再给她一次重来的机会，这一次，请赐予她独立的事业。"

上帝："你想清楚了吗？这是你最后一次机会。"

父亲："是的，我非常清楚！"

事业

这一次，女孩没有重生，可她却像变了一个人。

她努力到前所未有的程度，让身边所有的人都惊叹道："何必呢？"

　　有没有必要她比谁都清楚，婆婆挑剔的根源就是她合同工的身份，配不上丈夫体面的公务员身份。为了争那一口气，她默默地苦熬，她用三年时间拿下了MBA。在旅行社里所有人不愿意接待的顾客都是她来，她一点点地积攒人脉，提升能力。年底的时候她拿到了10万元奖金，并被提升为主管。

　　她永远记得升职的那天晚上，婆婆望着她抬了抬眼，终究什么都没说。一路艰辛，化作扬眉吐气，值得的。

　　一年后，她成为部门核心，业界口碑卓著，背后也有了强大的人脉力量。当婆婆为小姑家孩子上学的问题焦虑不已时，她找一找朋友就轻松地解决了。那时候，婆婆开始对她刮目相看，第一次夸她能干。

　　再到后来，她的经济能力越来越强，也可以给婆婆报境外的旅行团玩玩逛逛。婆婆对她的态度更是急剧扭转，有时候看她太忙还会主动给她煲汤添菜。

　　丈夫看着婆媳居然可以谈笑风生，十分诧异，问她是怎么讨好婆婆了？她目光坚定地说："当你有能力有底气的时候，无需再刻意讨好任何人。"

　　仅有肌肤眉眼之美，没有能力和内涵去支撑，很可能会被看轻、被伤害。况且美貌和岁月相持，是一场必败之争，再怎么小心翼翼，都是盛极必衰。爱情也是如此，世事难料，加上人生复杂，生活中有太多身不由己，谁又能护你一世周全。

可事业却不同，凯瑟琳·赫本说："女人啊，如果你可以在金钱和性感之间作出选择，那就选金钱吧。当你年老时，金钱将令你性感。"凯瑟琳以金钱概括事业，事业有更广泛的含义。

日剧《龙樱》中也有这样一句台词，大意是：要想改变这个世界，首先成为制定规则的人。很多时候，我们为事业打拼，并不是追求金钱本身，而是其背后的自由与选择的权利。

如果你已经过了30岁，那么请你回头看看，你的前半生到底有没有押错宝？后半生，又要怎么过？

原生家庭：
生而为女，我的原罪？

只有你真正强大起来，才能反衬从前的那些伤害足够渺小，你才能真正放下。

我妈，终其一生想要个儿子。可她一连生了三个女儿，后来两个妹妹都送人了，只留下我这一个计划外的产物。她曾让我一度觉得，生而为女，是我的原罪。

我家在北方的一个村子里，农闲时聊家常、晒粮食、打麻将是妇女们的主要社交活动，也是我最害怕的事情。我妈是个急脾气，说话很冲，时常与周遭的人发生口角，每当对方气不过拉出儿子，蔑视她门庭不旺的时候，她都会毫无底气，如同一只斗败的公鸡，跑回家拿我撒气。

我的童年每天面对的都是非打即骂，至今我都记得她拿手指戳在我的头上吼："赔钱货！你怎么就不是个儿子呢？"

小的时候，我脾气倔强，怎么打都不吭声，也不哭，无论面对木头棍子还是鸡毛掸子。挨打的理由真的太多了，放学晚了没来得及做饭、同学借我东西没及时还、学校收学杂费……形式也是多种多样，扇耳光、掐大腿内侧、抓着头发撞墙……

我爸这种时候总是以一个沉默者的身份出现，他大多时候是喝着小酒，喟叹自己没儿子的人生。可以说我的童年，他基本没有参与过。有时候我不知道是该憎恨他没有施以援手，还是庆幸他没有加入我妈的行列助纣为虐。

小学二年级之后，我妈对于儿子的执念越来越重了，一直闹腾着要将大伯家的两个儿子过继一个给她，说这样死了就有人送终、有人磕头。当然，未果。

天可怜见，等我上四年级的时候，她终于拼到儿子了，如获至宝，大喜过望，以至于她用尽了所有力气和精神头待我弟弟如襁褓中的婴儿一样照顾至今。结果就是他已经十几岁了，连基本的自理能力都没有，在生活上是一个巨大的白痴。

因为溺爱，弟弟极为自私、冷漠。八岁那年，他追着我打，因为我躲开了，他一脚踢到了椅子上，破了点皮，便坐在地上哭得一发不可收拾。我妈赶过来后，不由分说地打了我一巴掌，怒吼道："踢一脚，能疼到哪去！你躲什么！"

从那时起，我就知道弟弟是血，我是水。

往后，弟弟每次欺负我，我都没有还过手，甚至很少躲，成功地浇铸了他无法无天的心性与蠢钝如猪的情商，以至于后来他在一个村头恶霸面前耀武扬威，被揍得在医院躺了小半年，最后还成了一个跛子。

为这事我妈和我爸哭得死去活来，而我全程冷眼旁观。我妈骂我没良心、没人性。或许吧，长期生活在压抑与缺爱的环境中，致使我人性中善良的成分本就不多，我得省着点用。

高中毕业，我以超过重点本科线 20 多分的成绩考入了南方的一所大学。我妈什么欣喜的表情都没有，只是淡淡地说了一句："要是你弟弟就好了。"

是啊，要是他就好了，这样我就可以辍学赚钱给他交学费，甚至给他娶媳妇。可惜啊，他那个令人着急的智商，连高中都没考上。

随着年龄的增长，我对亲情的向往与怨念越来越淡泊了，我也越来越孤单。而母亲也没了年轻时的那份气焰与张扬，对我似乎多了一份谦和，哪怕这份谦和里透着虚弱与疏远。

每个月跟家里通的一次电话，总是在客气、拘谨与冷场中结束，从始至终弥漫着尴尬。一直到我大学毕业，回家和父母交代我考研的打算时，才隐约感觉他们有话对我说。

果不其然，整个对话在父亲的不自然，以及母亲的据理力争中结束。大概意思就是，你一个女孩早就不该供你读书了，现在你还不想毕业，弟弟怎么办？他初中毕业，脚不好，干不了重活，以后还指望着你给娶媳妇。所以现在赶紧找工作，以后每个月上交工资的一半，补贴家用。

是的，那个母亲又回来了。

我跟她大吵一架摔门而去，那是我这么多年以后第一次爆发，然而什么用都没有。

每年5000元的学费都是我申请的助学贷款，生活费也是我打工赚的，他们所谓的供我读书只是每个月给我打400元钱。400元对于一个一线城市算什么？算是让我苟延残喘的粮票吧。

不管怎样，我没能读研。找了一个实习单位，试用期每个月有 3500 元，我妈不知道听谁说了，先是打电话问我要钱以供我弟在家打游戏，未遂。又威胁我要赡养费。我大怒，对着电话吼道："法律规定年满 60 周岁或者是丧失劳动能力的情况才需要付赡养费，想要赡养费就去法院告我，我会把我除了租房子剩下的两千块钱分你们一半，以便你们供那个废物吃喝玩乐！"

我的灵魂已经千疮百孔了，我不知道怎么去爱人，也不敢去组建家庭，我没有给别人温暖的能力啊。不管怎么样，自从我学会怎么去做一个"恶人"之后，整个世界温柔多了，起码我妈再跟我要钱的时候，知道收敛了。

30 岁那年，我终于想明白了，血缘关系与其他关系一样，并不神圣和特殊，只有事业和财务自由才是真实的，才是可以傍身的。

以上是我的一个朋友用了一个晚上的时间，讲述的她的前半生的牵绊。她说她想过报复，想过对那个贫瘠的家置之不理，可是年岁渐长，当她慢慢读懂人生的不易时，一切都淡然了。

父母没有接受过太多教育，他们只知道拿着锄头在地里干活，他们只知道男人比女人插的秧更多，扛的稻子更重，村里的坏小子偷鸡摸狗时，打出的拳头力气更大。

他们被落后的经济裹挟，大半生就那么灰扑扑地过来了，物质精神文明仿佛离他们很远很远。可我们已经走出很远很远了，再回首时，他们已年过半百，仍旧守在地里，为了几个被老鼠啃了的玉米棒痛心疾首，你真的要狠心苛责他们吗？

怨怼伤害最大的始终是自己。你已经在一个冷漠不公的环境下长大，难道还忍心让自己在一个怨恨痛苦的环境下衰老吗？与这个世界和解吧，原谅那些过往。

当然，我说的原谅不是"你握着鞭子，没有鞭打我"的原谅，而是"鞭子在我手里，我选择不去鞭打你"的原谅。只有你真正强大起来，才能反衬从前的那些伤害足够渺小，你才能真正放下。

努力去掌控自己的人生吧，你的锋芒总有一天会磨钝他们思想上的棱角，你的成功总有一天会让他们不得不逼视。他们或许会觉悟，也或许不会，但那已经不重要了。他们已经老了，而你也有能力挣脱了，过去不会重演。

女人的本事，
比什么都重要

这个世界，求上得中，求中得下，若求下就什么都没了。你想碌碌无为地过日子，那结果只会是凄凄惨惨过一生。

在你连受精卵都不是的时候，你人生的障碍就已经设定好了。这些障碍像一只只怪兽一样，在迎接你来的路上，慢慢苏醒。

所以，从你呱呱坠地的那一刻起，你要做的事情就是将怪兽一只一只地打倒。有一天，当你用尽全力，可连怪兽睁开全部眼睛的样子都看不到时，你终于认命了，你人生的极限就在这里了，然后用你的余生去适应这个高度，哪怕它并不高。

这些怪兽有很多名字，财富、地位、阶层……

我知道你很委屈，因为你面对的怪兽太多了，可明明有的人要应付的只有寥寥，而有些人面前根本毫无屏障。他们是怎么做到的？是祖辈的积累，是天赋的恩赐。

所以，如果你没有那么殷实显耀的家境，也没有那么好的天赋，那么除了努力，别无他法。

这世上，最该遭到鄙视的并不是失败的人，而是懒惰与妥协的人。

假如你的原生家庭普通，但交得起学费，吃得起健康的食物，买得起一百块的衣服，父母从小到大没虐待过你。这样年近三十，你还是一事无成，那么你不是懒就是蠢，两样总要占一样。

人到中年，没什么比一事无成更可怕的了。长久的不努力，必然会造就长久的无能为力。等到彼时，你在人间的悲剧才正式上演。

你是一名医生，一天在路上遇到一个被钢管插进肺部的工人。周围一片混乱，有人尖叫，有人哭泣，你赶紧冲了上去，一边拿出手帕帮伤者止血，一边想把钢管拔出来。

伤者的工友问："你是医生吗？"

你："是。"

工友："那太好了，现在要怎么做，直接拔出来安全吗？"

你："嗯……我不知道，或许可以吧。"

工友："你不是医生吗？这都不知道吗？"

你："我目前只是在主刀医生旁边学习以及整理医用器材……"

工友："天呐，你看着年纪也不小了，赶紧把钢管放开，等120来！"

你十分不悦："我可是一个好人，我从来不说谎，乐于助人，上班不迟到早退，还十分孝顺，地铁上遇到老幼病残，我都是第一个让座的……"

工友："那有什么用，你没本事啊！"

其实你每天都处于上述情况中，那名患者是你的工作内容，工友是工作对你的要求。你在事业上一事无成是因为什么？你在社会上被不屑一顾是因为什么？因为这个时代对人充满了苛责，这个社会对人充满了要求。

人们需要美食，所以要有厨师；人们需要房子，所以要有工人；人们需要教育，所以要有老师……我们从出生开始就进入了这样的解决人们需求的社会系统，这就要求我们每个人都要学习某种技能来满足他人的需求。可是，你的技能过硬吗？

长久地生活在自以为安稳舒服的环境中，从没想过进修，从没想过自我升级，我们身处在这个解决人们需求的社会体系中，不被需求的结果必然是被淘汰。

这个世界，求上得中，求中得下，若求下就什么都没了。你想碌碌无为地过日子，那结果只会是凄凄惨惨过一生。

所以，不管你是否有孩子，是否生了二胎，你都必须咬紧牙关，哪怕违背了众意，四面楚歌，也要好好地撑起自己的事业，用你的不动声色，掩饰好内心的兵荒马乱。

别羡慕隔壁老王的媳妇，打打麻将也是一辈子；也别羡慕单位里的后勤大姐，轻轻松松地就混到退休了。有些女人，从来没有真正活过，因为她们的每一天都在无限地重复，毫无意义。

唯有工作，才能让你汲取智慧，让你快速成长，让你不至于被生活打倒，让你拥有将全世界装进心中的豁达。如果没有试过，你不会知道，当你把工作当成事业去做的时候，你的脸会自主分泌玻尿酸，唇上会自带一抹红，周身会散发谜之光芒，那才是最美的你。

当然，我们并不是说你一定要赚多少钱，而是你必须要认真工作，提升自己，有自己的人脉圈子，在属于自己的领域里，展现自己的精彩，而这也是你人生价值的一种体现。

歌女的歌，剑客的剑，文人的笔，以及女人的本事，只要不死，都是不能放弃的。

2

你要大器晚成，还是一事无成？

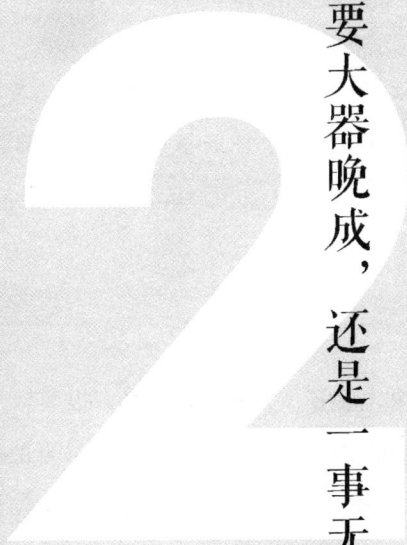

努力突破阶层，
有多重要？

底层社会之所以不值得留恋，就是因为物质上的匮乏需要不断地拷问人性，然而，人性根本经不起拷问。

我的大学室友媛媛，人和名字一样，很漂亮。

她住在大山的脚下，非常闭塞，距离最近的火车站也有10公里的路程，那里的落后和贫穷放置在现在这个浮华的世界里，触目惊心。

她妈妈在年轻的时候曾以优异的成绩考入高中，但是只读了一年就赶上历史的变革，被迫停学，后来当了一名小学老师。她爸爸是军人，人长得精神也勤快，转业之后就自己找事做。

那一年，父母东拼西凑了一笔钱，盖了四个大棚，种植草莓。在20世纪80年代末，这绝对是需要大魄力才能做的事，投资太大，前景未知，全村人都不看好。毕竟在那个年代的庄稼人眼里，种玉米和水稻才是正路。

为了节省人工成本，她爸爸用蜜蜂授粉。一个50米延长的大棚，养四箱蜜蜂就可以达到授粉目的。同时草莓也不用多次灌溉，半个多月浇一次就行，湿度太大草莓就会不甜。所以，种草莓远比种庄稼更省时、省心。

小半年过去了，地里的草莓红了起来，一车车地往外运，供不应求，价格也一涨再涨。那时候，她的零用钱都比别的孩子多好多。

就在他们喜出望外的收获期，一场暴风雨来了。东北气候多变，大棚扎得也牢固，可危险的并不是风雨，而是人心。

是的，就在那个雨夜，四个大棚被人用刀割出来好几个大口子，割坏的地方还特意用图钉给翻过去，让雨水灌得更多一些。

第二天清晨，她妈妈发现草莓秧全漂在水里，十几箱蜜蜂也被风雨砸死在地上。没过几天，草莓秧就全烂在了地里。她说那一年，她家遭受了灭顶之灾。

这个事件的直接后果，就是让整个家又回到了赤贫状态。

从那以后，她妈妈拼命地努力，参加各种自考，就是为了调到镇上，远离那个赤贫又嫉妒丛生的阶层。

她一边照顾幼小的孩子，一边照顾心急生病的老人，同时还要教书，但她还是用最短的时间通过了自学考试的所有科目。没有人知道她是怎么实现的。不管怎样，她以编制内教师的身份，进了镇上最好的初中。

　　他们把地租了出去，搬进了学校的家属区，从此不用担心门前的路被人刻意刨出垄沟，到下雨的天气里水往屋子里灌；也不用担心有人在哪个月黑风高的夜晚，翻过围墙毒死狗、偷走鸡；更不用担心，分地时会因为没钱送给村长，而分到最贫瘠、最偏远、最无人愿意接手的梯田。

　　这一切的不公平，都是因为她家的经济条件要比附近村民的好一些，父母是"吃公粮"的人，且力图挣脱和大家一样的贫穷底线。

　　大家都被困在惨淡无望的牢笼中，凭什么你们能逃出这样的窒息与绝望？长久的不思进取导致了长久的贫穷，而长久的贫穷又衍生出了恶行。

　　衣食足而知荣辱，仓廪实而知礼节。贫穷本身并不可悲，可悲的是把自己封禁在最低阶层里，自己不争取改变，更不允许别人打破规则。

　　自身不努力，惰性十足，懒于思考，疲于动手，必然会导致物质上的匮乏，物质上一旦匮乏了，就不得不面对人性的拷问，然而，人性根本经不起拷问啊！

　　所以，亲爱的，好好努力吧，别让"人性"太为难。

我快 40 岁了还要拼吗？
你说呢？

年近不惑的女人，最忌自己吓自己。你得把自己当成一个姑娘看待，在有限的生命里，对得起自己这一身的欲望。

毕业 10 年，听到什么消息会让正在大块朵颐的你食不下咽？

一个同学搬进名校区了。

一个同学活成白富美了。

一个同学出国深造了。

…………

酸溜溜的情绪在你体内发酵，一点点蚕食着你的高贵的尊严。正准备放入嘴中的那块色泽鲜亮、味醇汁浓的红烧肉，仿佛失去了本有的诱惑。你放下筷子，嘴里不屑地"哼"了一声，快快地起身，躺在了沙发上。

你怎么也想不明白从前那个土里土气、一身衣服洗得发白、总是跟你借手机给家里打电话、为了省几块钱在食堂里犹豫不决的姑娘，今天怎么就穿上了 Chanel（香奈尔）套装，拿起了 Prada（普拉达）手包，带着 Cartier（卡地亚）的绿鬼腕表，脱胎换骨一般出现在你的视野里，明明前几年她还在为还房贷没日没夜地在公司加班啊！

你也想不明白从前那个因为奖学金，总是跟你暗地里较劲的女生，怎么就抢在你前头搬进了名校区，给了孩子更好的教育。明明前几年她和老公还因为创业失败，欠了一屁股债。她该翻不了身，一直被你俯视才对啊！

你更想不明白，初恋劈腿的那个惹人厌的女生，怎么就成了精英，将事业做得风生水起了。明明前几年她还到处厚着脸皮推销保险，你打过招呼的同学不仅没给她机会，还将她拒之门外。她该一直为生活挣扎，被你嘲弄才对啊！

…………

于是，你愤愤不平地拿起遥控器打开了电视，咦，《知否》更新了呀！于是一切烦恼随着剧情烟消云散。

此时，客厅那积了灰的镜子，正映着你有些臃肿的身材懒懒地躺在沙发里的样子。腰上的肉叠出了褶皱，和脸上蒙出的皱纹相得益彰。出了油的头发被随意地挽在脑后，和油脂分泌过旺的脸庞十分和谐。

你不知道的是别人家的镜子里映衬的是什么，是一败涂地后的奋起直追，是幡然醒悟后的扭转乾坤，还是不甘平庸无为的朝乾夕惕。在她们的信念里，40 岁、50 岁，甚至 60 岁都是"当打之年"，80 岁都能东山再起。而你呢？30 多岁的人就开始盼着退休后领养老金，想让你扔下毫无发展的老本行去接受新鲜事物，比杀了你都难，你根本接受不了同应届生一起打拼，重新学起。

所以，你的生活里只剩下舒服两个字。其实，当一个人过分舒服的时候，往往并不是福荫。相反，她会感到恐慌，感到焦虑，急于寻找一种寄托，于是泡沫剧、游戏、言情小说轮番上阵。日复一日，年复一年，毫无长进。

富兰克林说："有的人 25 岁就死了，只是 75 岁才埋葬。"你还好，你坚持到了 35 岁才死掉。因为这一年，你意识到：我马上要 40 岁了呀，我的前半生快过完了，我的一生已经定型成这个样子了，于是，你在精神上投降了。

其实你想错了，你的一生定型成眼前的样子，可别人的人生却还在进步，所以，你的后半生肯定不如现在，只会越来越差。时间不会停滞，社会也不会停滞，停滞的只有你自己。

年近不惑的女人，最忌自己吓自己。你得把自己当成一个姑娘看待，在有限的生命里，对得起自己这一身的欲望。别总期待生活的顺遂，要知道困境才更容易成为前进的踏板，所以，我更希望你是生活的对手，而不总是附和听命于它。

生命里所有的灿烂，终究要靠努力去偿还，这个没有年限。

女人，
别只为了钱去工作

当我们对金钱耿耿于怀的时候，我们失去的将是更多的金钱。

我的一个朋友 Cassie 是学经济学的，在一家贸易公司工作。从业五年，她的成长及晋升速度快得惊人。

一次闲聊，我问她："五年的时间走到高管的位置上，你是怎么做到的？"

她告诉我："我从没想过我能升到哪个职位上，也没想过要赚多少钱。刚毕业那会儿，特别单纯，就怕过不了实习期，公司让我走人，所以每天都在努力学习新的东西，这样哪怕未来被迫离开，也能顺利找到工作。那时每天下午五点半，大家都准时下班，只有主管自己在整理合同文件，我就主动留下来帮她，慢慢地我发现，通过整理合同、核对细则能发现很多问题。主管见我帮她，也会毫不吝啬地教我很多东西，时间长了，就发现自己成长很快，得到的回报也很多。当我明白这个道理之后，我就一直沿用下来了。是的，以完善、成就自身为出发点，工作绝不会亏待你。"

的确，工作固然是为了生计，但却不能完全只为了生计。一个以薪水为奋斗目标的人是无法走出平庸无为的生活模式的，也不会有成就感和满足感。

因此，除了金钱是努力工作的目标，我们还应有一些其他的目的不在银行卡上，比如在工作中挖掘自己的潜能与才干，找到自己真正喜欢的专业方向，不断完善自己等。

金钱，只是工作的一种报偿方式，是最直接的一种，也是最短视的一种。

我的一个大学同学，毕业后就职于一家外企的财务部门。工作伊始，老板告诉她："试用期半年。如果干得好，半年后涨工资。"

刚开始，她对工作充满了热情，干劲十足，与公司里那些拖沓懒散的老员工相比，她简直太勤奋了。三个月过后，她已经可以在公司独当一面，她觉得凭自己的能力，老板应该现在就给她加薪，而不是等到半年后，可是老板那边却迟迟没有动静。慢慢地，她心中有了一些不满的消极情绪，工作态度也发生了变化，不再像以前那么细心了，上级交给她的任务，她也总是拖拖拉拉，敷衍了事。

一次月末，单位赶制财务报表需要加班，她却对其他的同事说："你们加班吧，我先走了，我自己的工作已经做完了。"说这话的时候，她的心中还在抱怨：我的薪水比你们少多了，干吗要和你们这些拿高薪的人一样，累死累活地加班。这一切变化，老板当然都看在眼里。

半年过去了，老板并没有提出加薪的事，她一气之下就辞职了。

后来有一天，她偶然在街头遇到一个从前的同事，谈到她当初的离开，同事说："太可惜了，一个加薪晋升的机会就这样让你错过了。那时，老板看你工作扎实，本打算在第四个月就给你加工资的，主办会计的职务也准备让你在半年后担任。可惜后来你工作态度变了……"

所以说，一个人如果只为钱而工作，没有其他的事情吸引他，那么深受其害的其实并不是公司，而是他自己。一个成功的职场人，一定将工作视为一种积极的学习经历，并在这段经历中挖掘出更多的个人成长机会。

能力比金钱重要太多了，金钱不过是阶段性的结果，它会遗失，会被盗，会被挥霍掉，但能力却是伴随你一生的。所以，在努力这件事上，千万不要矜持。可惜大多数人并不明白这个道理，只知道低着头，为了薪水匆匆忙忙地工作，在琐碎的事情中消磨生命，不曾想过除了薪水之外还有更重要的东西值得他们去争取。所以，女性在职场上才会有那么多问题：

应付工作

她们认为公司付给自己的薪水微薄，她们理应敷衍塞责。因此，上班期间接送孩子，追剧，刷朋友圈，逛淘宝，怎么舒服怎么来。在她们眼里，工作只是那一张工资条，完全与事业前途没有关系。

四处兼职

在工作时间巧妙地干兼职，什么代购、微商，或是做自身专业领域的其他项目，数目众多，多种角度不停地转换，长期处于疲劳状态，工作不出色，能力也无法提高，专业性无法上升，最终谋生的路越走越窄。

时刻准备跳槽

很多女性，因为自身的原因薪水不高，生活质量无法满足，却不想着进修和完善，而是幻想跳槽到下一家就会解决问题。但事实上，她们中的大部分不但没有越跳越高，反而因为频繁地变换工作，让其公司持怀疑态度，不敢对她们委以重任。

可见，一个人如果只是为了金钱工作，仅把工作当成换取面包的途径，那么受害的只是自己。当我们对金钱耿耿于怀的时候，我们失去的将是更多的金钱。所以，在我们解决了温饱之后，不妨做些有点出息的事，比如让自己成为什么样的人。

我妈是一个没用的
家庭妇女

坚实稳固的婚姻基础，是双方都有掀桌子的能力，和不掀桌子的修养。

我的一个朋友，有个很好吃的名字，叫桃子。很遗憾，她给我讲了一段这么晦涩难咽、如鲠在喉的故事：

这似乎只是一段命途多舛的人生故事，甚至有点无聊，但当你把细节翻出来看，就会知道人生有多惨烈、有多荒诞。

什么叫自私？

我爸用几十年的行动，亲自示范了什么叫"自私"，并且演绎得十分到位。成功地在我10岁那年，逼死了我妈。

家里人说她魔障了，现在想来应该是抑郁症。前一天还说要做棉鞋，第二天人就丢了，镇子上的人都出来帮着找，最后在河边看到了她的鞋。很快尸体就被捞了上来，水真的不深，才一米。谁能想到一米深的水也能淹死一个成年人，她赴死的心该有多坚决啊！

我妈从小家境就不好，长大后经人介绍远嫁给我爸。我爸算是个公务员，在那个年代，优越感十足。我妈嫁过来之后，很快就有了我，为了照顾我和年迈的老人，她没有出去工作。我想这或许就是她不幸的源头吧。

从小奶奶就对我说"你妈就是个没用的家庭妇女"，我爸也经常说她没用，外来人口、文化程度不高没工作，对她十分不屑。

印象中，我妈总是怯怯的，即使不高兴也不会说什么。因为没有收入，每到需要置办家用的时候，就得伸手跟我爸要，而我爸从不多给，给完还得絮絮叨叨说一堆贬低她没用的话。当时我真的太小了，如果能穿越回去，我真想抽他一个大嘴巴。

日子过得挺憋屈，但也算安稳，直到那年我妈被她的一个亲戚骗了3000块钱。命运真是荒诞不经，我爸平时连30

块钱都不肯借出去的人，那天或许是喝多了，竟然鬼使神差地同意我妈借出去3000块。

之后就一发不可收拾。我爸每天明里暗里唠叨和讽刺，说她全家都是讨债鬼。知道我妈境况的大姨，给她打了电话，讲了一件事。

她去年曾给我妈算过一次命。算命的撒了一把米，撒完之后大惊，发现全是阴米，阳米根本没有，便说你妹妹要过大坎了，怕是过不去了。大姨急忙问怎么办。算命的说，她要是能离开故居，回老家在你身边待上半年，或许能躲过去。

适逢被骗钱这件事，大姨忐忑不安，赶紧打电话来想让我妈回老家。我妈特别为难，因为我爸真的太小气了，小气到什么程度？结婚10年，只让她回了一次老家。路途遥远，他是真舍不得路费啊，而且回去还要给老人亲戚朋友带礼物，那更是我爸气恼的。加上这一次被骗走3000块，我爸怎么会同意呢？结果是既定的，我爸对此嗤之以鼻。

或许这是压死骆驼的最后一根稻草，也或许是产生了心理暗示，多年疲乏的婚姻终于结束了，以这样决绝的方式。

我爸于半年后，再婚。

至此，山河依旧，四海清平。再没有人想起这个"没用的"家庭妇女。

我不知道桃子是以什么样的心态回顾过去的人生，应该很绝望吧。以至于她现在对于金钱和前途有着近乎偏执的欲望。

桃子已经结婚四年了，尽管丈夫答应她有了孩子也会继续支持她工作，不会影响到她的事业，可她还是不同意。以往的经历打击太大了，她如同惊弓之鸟，任何对于她能力上的质疑，都会让她战栗不已。"没用的家庭妇女"是她一生的逆鳞，于是，她需要大把大把的钱来证明自己，毕竟她需要太多太多的安全感。

坚实稳固的婚姻基础，是双方都有掀桌子的能力，和不掀桌子的修养。遗憾的是桃子的妈妈没有能力，而桃子的爸爸没有修养，所以，不幸贯穿了整个婚姻。

最好的伴侣，应该是可以并立船头，把酒言欢，共赏湖光山色，同时又能在惊涛骇浪中持桨扶持，应对自如。换言之，你必须要有自保的能力，不然他随时可能变成你的惊涛骇浪。

人的焦灼、贪婪、卑劣与虚荣，都会在生存的危机下经受砥砺，而后蠢蠢欲动。你要做的，就是将自己的价值体现出来，做一个威风凛凛的女将军，而非在人性的刁难下，俯首乞食，四下流离。

编制在手，
舒服我有？

按部就班的人，是很难关注社会变革的，他们缺少前瞻的眼光，更缺少舍弃的勇气。所以，他们可能是牺牲品。

01

在北方以北，有座小城，叫佳木斯。

这里有安逸和谐的小院，也有奔腾不息的江水；有脏乱不堪的街角，也有梅花纷飞的道路。在计划经济时期，这里的人简单朴实得近乎执拗，他们以产业工人自居，一个家庭的城镇户口就是他们的无上荣耀。所以，你可以诋毁一个人的品行，但不能质疑一个人的成分。

夜晚，在那个还没有家门紧闭的年代，大家还是习惯于拿着小马扎，坐在小区院子里乘凉。男人们光着膀子凑到一起，讨论国家大事和本地新闻；女人们摇着蒲扇，数落着身边不争气的小孩儿。

这里的日子很慢，慢到人们以为生活会永远这样继续下去。这里的日子也很快，快到一转眼的工夫，一个时代人们赖以生存的经济支撑就改革得分崩离析了。

影响最大的是当地的纺织厂，那些常年在上班期间打扑克、唠家常、看孩子的工人们，不仅失去了他们习以为常的娱乐生活，还不得不改变他们多少年来都没买过秋裤、袜子、背心、裤衩的习惯。

下岗风潮愈演愈烈，各种抗争都不了了之，据说有的工人还威胁着要喝敌敌畏。敌敌畏本是一种默默无闻的农药，只因带走了无数孤魂，竟然出了名。

改革之势，势不可当。上到领导，下到员工，惶惶不可终日。终于，往日总是笑容可掬、平易近人的瘦厂长，威风凛凛地站了出来。他安顿好妻儿老母，和曾经的工人兄弟们做了最后的承诺，泪洒当场，然后打开保险柜，带着漂亮的会计，跑了。

时代就这样一骑绝尘，而那些安稳舒服惯了的人们被远远抛下。

02

新时代开启，因为改革而富起来了很多人，但也包括污染的河流、雾霾爆表的空气、农田上崛起的楼房和一些空洞恶劣的灵魂。

艳阳高照的一天，一个男人在单位喝了茶，看了勇士和火箭的对决，最后又刷了会儿抖音，然后拿起车钥匙去接孩子。

孩子："爸，今天两点放学，你也能来接我？你早退会不会被开除啊？"

男人："小破孩，懂个屁，事业单位哪那么容易开除人？"

男人没想到的是，他所在的当地那么大的一家农业技术研究所，居然也随着潮流改革了。在转为股份制之后，当年等编制的合同工已经没什么机会了，而已有编制的员工也遭受着被淘汰的威胁。

按部就班的人，是很难关注社会变革的，他们缺少前瞻的眼光，更缺少舍弃的勇气。所以，他们可能是牺牲品。

03

有人说北上广深是战场，你可以气象峥嵘地奋斗，也可以偃旗息鼓地败北。

在这里，你必须把孩子送回老家；

在这里，不交社保，就不能买房买车；

在这里，你努力的速度永远追不上房子涨价的速度……

这些地方变革得真的太快了。北京的地图每个月都要改，街头的东北菜馆一不留神就变成了药店，街尾的女装店隔几天就变成了卖手机卡的。老北京人的精神故乡已经很难寻觅，刚建立起的价值观，还没站稳就会被野蛮生长的下一代更新换代。

你以为在这样一些风高浪急、急速变化的城市中生活是痛苦的，每天接受复杂和海量的信息冲击，生活方式和价值观在变化中变化，人在变更中应接不暇，手足无措……你错了，只有在变化中学会变化，才能做到屹立不倒。

毕业时，你们哭喊着要一起同行，可他却买了车。一同考上公务员，你以为你们会老死在这个单位，可他却创了业。在大城市混不下去了，你想拉着他一起回老家，可他早已悄悄买了房。

毕业10年，有人年薪百万，有人还在抢几毛钱的红包，为什么？因为在追求财富的路上，有人不断更新自己，有人却只在朋友圈转发锦鲤祈福。

万物皆有毒，安逸也同样，毒性只关乎剂量，剂量一到，阳光也能杀生。你，只不过是被前半生的安逸杀死了。

电影《爱丽丝漫游仙境》里，红桃皇后说过这样一句话：你要全力奔跑，才能留在原地。你首先要跑，才能确保现有生活的真正稳定；其次要跑得够快，才能看到努力的成效。所以，亲爱的，跑起来吧，稳定舒服的生活，本就是梦想和现实之间的一条猩红的线，将两者割裂得那样决绝。要跃过红线，总要比别人多蜕一层皮。

所有的做不到，
都是因为不够想要

人，最大的武器是什么？是豁出去的决心。

当你在工作时间偷偷地点开王者荣耀，圣托里尼岛上啤酒的芬芳，正在人们热情的唇齿间慢慢发酵。当你周末愉快地追着新晋的泡沫剧，大西洋彼岸的海鸥，正振翅飞过城市上空。当你习惯着无聊的八卦聚餐，冰岛的温泉正在夜空中蒸腾出氤氲的水汽，浪漫又温柔。

你原以为永远不会看到的景色，永远不会际遇的美好，在你的蹉跎之间，真的永远不会相遇了。

我的一个朋友，是像励志书中写的一样优秀的女孩。她本科以推荐读研究生的身份毕业，研究生期间也是导师最得意的学生。跟着导师完成了两个国家级的项目，独立发表两篇 SCI 论文，参加过半年的援非行动，履历丰厚得吓人。

毕业那会儿我们都在慌不择路地选择落脚单位时，她已经以优秀的履历，在中央商务区（CBD）的写字楼里完成了华丽的转身。

　　一次她来北京，我招待她。那天我们吃的是东来顺，她匆匆从公司赶来，那一身行头，至少10万。我笑着说："我从来没这么正式地和人吃过火锅。"她眉飞色舞地说："这是给客户看的，今天便宜你了。"

　　热气腾腾的火锅，让北京冰冷的夜晚暖和了许多。我逗她说："从前羡慕你的学分，后来羡慕你的顺利，现在我羡慕你手上的蓝气球，说到底我只是羡慕你的人设吧。"

　　她恍惚了一下说："我最羡慕的，是你无论做什么都有的底气。"

　　…………

　　"从我有记忆时起，家里就会陆陆续续有陌生人来，有的人待两三天，有的人待半个月，有的人吃顿饭就走了。儿时不懂事，总觉得挺不错的，毕竟这时母亲总会毕恭毕敬地做上几盘好菜。

　　"直到后来，来的人越来越多，他们说话的语气越来越凶。有好几次我的父母都在饭桌上被他们训斥得抬不起头，那种感觉很压抑，也很不解，明明今天的菜很好吃啊。直到后来我才知道他们共同的名字：讨债者。

　　"后来饭桌被掀了，家里的东西被砸得乱七八糟，我一直引以为荣的父亲蜷缩在角落里痛哭流涕。母亲一边翻着东西，一边凶狠地咒骂着他。是的，比起讨债者丑陋的样子，父母的失态，更让我崩溃。

"深入骨髓的自卑，让我无论做什么都畏畏缩缩。没人知道，那些同龄孩子脸上的淡定与底气，是我多么迫切想要的。

"长大了，我知道没人能帮我了，只有学习，未来才有机会赚到钱，赚到很多很多钱，把爸爸丢失的尊严捡起来，把妈妈心底的怨恨消磨掉，把自己缺失的底气买回来。

"家境的困难让我在这条路上走得异常艰难，我身边的人有家里是政府官员的、铁路领导的、企业高管的……虽然我们坐在同一间教室里上课，但是我很清楚我们之间有着多么巨大的鸿沟。

"那些轻轻松松就被补习老师讲解的内容，我要花太多的精力去应对；那些一本可以抵得过我几天饭钱的补习材料，也经常让我望而却步。如果说成功 = 家境^2 + 努力×1，那么因为家庭的缺失，我要花多少倍的努力来补上，没人知道。"

…………

一手烂牌打出来一个春天，能证明什么？证明所有的做不到，都是因为不够想要。人，最大的武器是什么？是豁出去的决心。

换一个角度来说，我们总需要完成一些目标，来享受一下欣喜若狂的时刻。同时，我们也需要不断地超越我们鄙视的人，来换得浑身的痛快。然而，我们更需要的是，给自己一个交代，当你把所有想要的都攥在手里的时候，那才是人生成就的体现。

　　当你足够想要，你会热情高涨，你会信仰坚定，你会憋着一口气，让那些看似本不属于你的东西，变得唾手可得。当然这个过程可能痛苦异常，究竟值不值得，需要你自己去衡量。

　　但如果你已身为人母，我希望你能再努力一点，为你的下一代创造更好一些的生活与教育环境。起码不要让他们因为贫困而自卑，因为起跑线落别人太远而灰心丧气，更不要让他们在少年时期就去考虑10年、20年后的事。

　　这世界上所有的绚丽，都需要你的足够"想要"，所以我希望，你能足够想要，且步履坚定。

3

浑浑噩噩的30岁，需要刮骨疗毒

30+,
你的成就是什么?

如果你真正努力过, 就会明白天赋的重要性。如果你真的拥有天赋, 就会明白出身的重要性。如果你的出身足够好, 就会明白机遇的重要性。人世间, 都要讲究相辅相成, 你不能跟自己较劲。

25 岁的你辞掉了工作, 跑去北京梦想成为歌星, 于是辗转在后海的各个小酒吧里, 反响平淡。

28 岁, 你入不敷出, 母亲乳腺癌, 需要很多钱。最后一场演出时, 你擦了擦眼角的泪水说:"我的梦想, 就到这里吧。"酒吧里所有的人都为你举杯, 大声喊着"坚持, 青春没结束"。你握紧了手里的麦克风, 决定坚持。

30 岁, 家里欠了十几万块钱, 母亲也病逝了。你不是一无所有, 你还有债。

这世上有很多把梦想当成信仰的人, 其中 1% 成功了, 99% 失败了。那么, 你有可能成为那 1% 吗? 如果你真正努力过，就会明白天赋的重要性。如果你真的拥有天赋，就会明白出身的重要性。如果你的出身足够好，就会明白机遇的重要性。人世间，都要讲究相辅相成，你不能跟自己较劲。

当然，梦想与现实并不冲突，但现实不能为梦想所驱使，现实只能为利益和生存服务。

社会上很多成功人士，他们著书立传，说人生的价值意义大于形式，精神大于物质。他们面前摆满了鸡腿，却给我奉上了心灵鸡汤。是的，他们绝不会跟你分享干货。看到的是光鲜，看不到的都是苟且，你让他们怎么说。

心灵鸡汤与励志，本就是两个领域。心灵鸡汤是失意时自我安慰的，而现实中的励志，是被对手（生活）打趴下，再爬起来，循环往复。这个过程中可能皮开肉绽，可能骨骼碎裂，可能惨不忍睹，最可能最后依旧什么都得不到。所谓九死还生，所谓崖下秘籍，所谓一手定乾坤，不过是金庸古龙娱乐读者的戏法，真实的世界，是要见血的。

很多过了30岁的人，依旧频繁地换着工作，或者卡在初级文员上，干着没有技术含量、任何人都能取代自己的事情。他们得过且过地活着，明明零碎时间很多，却总觉得自己没时间读书，没时间学习，没时间自我提升或是干个副业。这时父母开始多病，孩子开始报各种兴趣班，而自己的存款都是以百为单位攒的，够干什么？

更大的失落是看到身边和自己同一起跑线的人倚仗着努

力小有成就，起码从三流挤到了二流，完成了阶层的上升。而本来起点就比自己高的人，也已经过上贵妇般的生活了。30+的你呢，一事无成。别把这归咎于懒，懒是无辜的。你只是笨，没办法独立系统地思考，处理不了复杂的信息，归纳总结不出适合自己发展的方向与道路，同时又执拗地坚信梦想的力量。所以你从来没有接地气地努力过，从来没有接地气地活过。

你羡慕着那些圆满与顺遂，你畅想着所有的欢乐都陪伴着你，仰首是春，俯首是秋；愿所有的幸福都追随着你，月圆是画，月缺是诗。那不是生活，那是汪国真的诗。

你从来就没看懂生活的不易，那些成功的人牛都是坚持了梦想，做了自己愿意去做的事情才成功的吗？当然不是，自由与梦想从来就不是免费的。保险精英不会告诉你，他的梦想是修理汽车底盘；知名医生不会告诉你，他的梦想是做一名游泳教练。同样的，公知与大师们也不会告诉你，他们背地里为了生计，也要对资方点头哈腰。

你觉得你的命苦，你觉得命运实在不济，你觉得原生家庭欠了你的，你觉得社会欠了你的，你内心满满的怨愤。其实你不必如此，只要你照照镜子，就会心安理得了。

是的，你理应心态平衡。

不忿是什么？是对自己与别人之间存在的差距的无计可施。敏感是什么？是在自己能力不济时的不自信。悲观是什么？是同样的窘境，比别人产生更多的负能量。弱者又是什么？是不忿、敏感、悲观的人。

人生中，金钱会消逝，名声会消逝，美貌会消逝，但蠢却是永恒的。我们的前半生或许都跌跌撞撞，成长得不够好，但至少要保证后半生聪明点、清醒点，才有翻盘的机会。

要知道人生并不只是"Be the greatest, or nothing"，更多时候，我们都处在一种不上不下的状态，但我希望的是我们能够在这种状态下有所成就，哪怕这种成就很小很小！

当然，以上仅是我的见解，印成白纸黑字也并不代表这就是真理。如果你真的有破釜沉舟的勇气追逐梦想，那就去吧，但烈火是你点的，你说要烧了这江湖，就要做好先烧死自己的最坏打算。

如果大火将至，我愿静待凯旋。

到了你想嫁给他时

我们总是这样，在爱情里铺张糜费，却在婚姻上偷工减料。如果没有活色生香的婚姻生活，一切既乏味又无趣，你愿意将就吗？

春节刚过，你深深地松了一口气，然后逃命般地离开家，仿佛身后就是洪水猛兽。不，那原是比洪水猛兽更可怕的一种存在……

七大姑，八大姨，十三个婶子和弟媳……她们摧残了你的意志，夺走了你的尊严，将你的隐私和人生，变成了可以就着瓜子和吐沫的佐料。

那个老王家的二婶，是你家一年四季的主要客人，赶上春节，她更是摩拳擦掌，兴奋异常。

她坐在小板凳上，倚着火炉，一边剥着花生瓜子，一边和你妈唠嗑：

"你这小妮子快三十了吧，咋还不结婚，这眼瞅就不值钱了呢！听婶的，过完年就找个人嫁了。"

说完，她随手把花生壳扔进了火坑。一瞬间，你分明感觉她扔进火坑的不是花生壳，是自己。

紧接着，她又抓了一把瓜子，接着念叨道：

"你可别挑了啊，再过几年可就得找二婚的了。"

那语气就像在菜市场里讨价还价一样，仿佛你是半扇隔了些日子的猪肉，已经过了保鲜期。然而她的话却铿锵有力地扎在你妈心上，随后又狠狠补了一刀。

…………

整个春节，你的日子都很不好过。你以为逃出家门回到工作地会到此为止，你太天真了，未来的一年，你的苦难都没结束，你妈分早中晚掐着你休息的点给你打电话，一天三次，风雨无阻，后来慢慢地就变成了六次，你爸也加入了……

直到有一天，你觉得自己真的无路可走了。你在和亲友不断的博弈中节节败退，自乱阵脚，最后宣告失败。

而后，你以最快的速度，找到了一个还算过得去的男人，准备结婚。

在一个阳光明媚的清晨，草地上洋溢着青草的芳香，你牵着最爱的人，在亲友的祝福中，一步步走向牧师。你望着他，眉眼里充满着无限的柔情和憧憬，一句"我愿意"，从此过上了幸福快乐的生活。

你以为这是你和你那个"还算过得去"的男人的婚礼？太逗了，这是别人的好不好，请原谅我的刻薄……

事实上，你的婚礼是这样的：

在那个有点阴郁的清晨，你的婆婆一直在和你先生抱怨，非要选什么草地婚礼，还挺贵，也不知道今天会不会下雨，要是下雨婚礼延期，还得给外地的亲戚多安排一天住宿……

你妈一直在和你抱怨："他家的车队才八辆车！八辆啊！那么多亲戚因为坐不下都没来，只能先去饭店了，多丢脸！"

你公公因为在婚礼现场抽烟，被工作人员劝诫了好多次，骂骂咧咧的。

你爸倒是挺贴心，一直劝着你妈："嫁出去就好，嫁出去就好……"

终于，到了发表誓言的环节。你们都以最快的速度说出了"我愿意"，仿佛身边站着的是谁都一样，语气中没有任何兴奋和幸福感，只是松了一口气。

婚后的生活很平淡，先生是个老实人，从来不会在任何节日给你礼物和惊喜，你觉得也没什么，日子很踏实，这就足够了。

生活敲打着你的骄傲，时间磨平了你的梦想。于是你也开始放下身段，打算把这一生交给这个平凡得不能再平凡的老实人。而这个人恰好也是这样的。你们就像两个孤独的游魂，因为不想一个人过日子，只能签下契约，从一而终。

我们总是这样，在爱情里铺张糜费，却在婚姻上偷工减料。

直到孩子出生，你才慢慢品味出了幸福的味道。你觉得这样也挺好，简简单单，实实在在，看着儿子慢慢长大，一切都非常值得。

你不知道的是，让你觉得不值得的事，在后面。

为了给孩子更好的教育，你跳槽了。你艰难地适应着新的环境。这些精明能干的姑娘，表面上一团和气，背后里却暗暗排挤你。还好，你的上司总能看清事物的真相，虽不苟责她们，却也不为难你。那是个温润如玉的中年男人，总是善意地点拨着你怎么做。

他在你眼里像谜一样，能洞察一切，却又言语不多，总是按照自己的方式，巧妙地应对公司的一次次危机。

渐渐地，你好像爱上了他。每天最快乐的事情就是上班时，能多看他几眼。聪明如他，怎会不知道，可他更知道这份错误时间里出现的感情意味着什么……出人意料，那样理智的一个人，却还是陷进去了。

那天，阳光正好，满街的栀子花香似乎都落到了他身上。一个在职场上运筹帷幄、睿智异常的男人，却扭捏得像个大男孩，有些慌张地掏出了口袋里的户口簿交给了你。

你看着他炽热的目光，欣喜若狂，而后，你又迷茫了。

回到家里，你看着丈夫慈爱地陪孩子玩，忽然想到丈夫其实做得也很多，从怀孕起就小心地照料你，孩子出生后，你硬是一次尿布都没洗过。那些床头的小摆件，冰箱里的果蔬零食，无不是按照你的心意来的，你，错了吗？

最终，你拒绝了他。而他选择了离开，在事业正值巅峰的时候，他远走他方，到海外事业部开疆拓土。走之前，他举荐你，接替了他的位子。

在送行的机场，他挥手和大家告别，转身离去。你忍不住大声喊了一句："记得想我……们！然后，泪流满面。"

你的爱情，就这样化作了一颗珍珠，在往后无数个平淡的日子里，散发着温柔的光芒。

你以为生活的高潮自此退却了？NO，NO！

一次无意中，你发现那个老实到有些无聊的男人，无可救药地爱上了别的女人。

你以为他只是对生活缺少仪式感，殊不知他对着另一个女人花样百出，从情人节到复活节，连三八妇女节都过。你以为他性子闷，不爱说话，殊不知他也可以温柔备至，妙语连珠……

一时间，你们都变成了可耻的阴谋者。你给他的手机录了音，听到他跟他妈打了一个小时电话，商量怎么让你净身出户。

他说："房子可不能给她，我卡里的钱也得赶紧转出去。"婆婆说："那是当然，钱财都得攥在自己手里，孩子也不能给，那可是咱家的男丁，她当年怎么嫁过来的就让她怎么走……"

拿着录音，你找到了律师，一场可笑的婚姻，总算结束了。其实，你并不恨他，你们只是太晚遇到爱的人。

又是一年春节，老王家的二婶依旧和你妈围着火炉嗑瓜子，瓜子皮吐得飞快，却并没有耽误她说话。

"你这妮子，咋说离就离呢？男人都那样，你哭几次他心一软就回来了。你看看你一个人带个孩子可咋过？听婶的，你得找个人帮你养啊！"

那一刻，你恨透了你的修养，否则你早该让她滚了！

你转身回了里屋，拉着皮箱，在鞭炮声中从后门走了。漫天大雪，你慢慢融入其中，你觉得你终于自由了。

婚姻就像一场考试，有人早早交了卷，有人完成的时间刚好，有人慢慢吞吞，看到周围人越来越少，加上监考老师的不断催促，就急躁地划拉几笔填好出来了。走出考场时还唏嘘不已，总算完事了，其他的就交给命运吧。可是，如此潦草地作出决定，命运真的会眷顾你吗？

我们结婚，不是为了日后瘫痪在床时，他能给你端屎擦身，也不是为了在你离开人世的时候，儿女能把你及时扔进熔炉里，以免蛆虫爬满尸体，恶臭难耐才被人发现。婚姻的前提，必须是爱情，也只能是爱情。所以，关于结婚这件事，你不能急，更不能将就，要知道你的真命天子只是来迟了，但绝不会爽约。

如果你问我要怎样才能选择结婚，那么我会告诉你，到了你想嫁给他，而不是想结婚的时候，就可以了。祝你幸福。

职场上，
永远别让自己太舒服

一时的舒适区，并不是永久的安全之地，尤其当人舒服太久了，他本能地会对外部环境的变化产生畏惧，而更加愿意躲进熟悉的洞穴，以至于外面早已换了人间，他仍显得格格不入。

八年销售，五年甲方，三年乙方。Fanny 在职场上，已经百炼成钢了。

上海最贵的地段，她占着一间带落地窗和休息间的办公室，在此运筹帷幄，指点江山，活像一个女将军，威风凛凛。

一次，我问她："职业生涯走得这么稳，应该感谢家人的支持吧？"

她笑了笑说："最该感谢的是我刚入职时的一位姐姐吧。其实她并不比我大多少，却处处关照我。那几年真的不容易，2009 年上海租个远郊的隔板间也要 1500 块，我那时工资才 3000 块，每天都过得紧紧巴巴的。她是本地人，了解我的情况后，就想办法帮我申请公司的员工宿舍。后来工作上出现了各种小问题，也都是她在默默安慰我、维护我。

"跟各行各业来比，销售企业的压力都算是不小的。业绩指标的压力，一般人真是背不了。一次在单位加班到凌晨一点，第二天神情恍惚，她看我不对，帮我分担了几份工作，让我早点回去休息，并安慰我，我的学历比同期员工更高一些，工作能力也不错，心里别有太大压力。

"不得不说，因为她的帮助，我的职场之路容易多了。一次，在晋升的关口领导摆出来一个非常棘手的新项目，没人敢接，我接了。

"这个项目的前期工作很麻烦，但是有她暗中帮我，还算顺利。最后一项最重要，需要我自己去谈，结果谈砸了，公司损失惨重。

"其中最主要的原因就是前期复杂烦琐的审核工作中出现了隐患，而这个隐患是她一手埋下的……然后，她微笑地看着我整理私人物品，狼狈地离开公司。

"现在想想，人家凭什么那么帮你。每天自己的工作都做不完，还主动帮你做，事出反常必有妖。后来我终于想明白了，她来公司三年了都没晋升过，因为是本科学历，资格上稍微欠缺一些。之后同期来的员工只有我一个硕士，那时我刚参加工作，热情高涨，工作表现十分突出，也是她最大的威胁。

"从她主动帮我联系员工宿舍开始，就不是一个好的事情。因为那时其他人的居住条件并不比我好，大家都很难，但却只有我要求了。后来工作中出现的各种问题，都是她大事化了的处理方式，我自身根本没有认识到问题的严重性，也没有提高处理问题的能力，反而已经习惯于问题的存在。

"接着她不断暗示我学历上的优势，以及成功的工作表现，让我在心态上失衡，骄傲得很，以至于主动去接了那个别人都不敢碰的项目。接了之后又习惯于她在暗中帮我审核的状态，而自己没有严肃谨慎地对待。最后她放手了，项目也折了。

"后来听说她顺利晋升了，总算如愿了。

"其实我并没有怨过她，那两年职业生涯，正是因为有她的存在，我才得到了宝贵的教训。

"所以我觉得并不算失败，相反我很庆幸她出现得这么早，如果是我用了七八年的时间登到高处了，再被拉下来，那我损失的就真大了。

"但是这件事之后，我在职业生涯中，从来没让自己太舒服过，哪怕我已经坐到了今天的位置上，每一个环节我还是要亲自审核，不管多辛苦。

"太平年月，有花草，有诗酒，有安逸。亡了国，有教训，有奋起，有铁马金戈。我很满意自己的职场生涯。"

…………

《风俗通》曰："长吏马肥，观者快之，乘者喜其言，驰驱不已，至于死。"捧杀，这一招数并不高明，但胜在好用，成在损者自入其局。

别人为自己铺平了坦途，就错以为自己能力超群，这是人性的虚荣；别人为自己斩杀了一路的妖魔鬼怪，就安稳地享受了当下的自在，这是人性的怠惰。

所以职场上，别太高看自己，也别让自己太舒服了。因为自大、拖延、懒惰只会引导我们在原地打转，将自己束缚在很小的发展空间之中。

很多女人，上了职场的列车，就以为人生进入了坦途，开始忙于自己的爱情、婚姻和孩子，工作对于她们来讲早已成了休息区。直到若干年后，她们才发现自己早已在职业上脱轨，被判出局。

一时的舒适区，并不是永久的安全之地，尤其当人舒服太久了，他本能地会对外部环境的变化产生畏惧，而更加愿意躲进熟悉的洞穴，以至于外面早已换了人间，他仍显得格格不入。

我喜欢《爆裂鼓手》里"要想赢，拿命换"的那种偏执，虽然它真的很偏执，但这种精神却能让我们摆脱被淘汰的破败命运。如果注定赢不了，那我宁愿你输，而不是自甘出局。

40+ 的女人，
正在因为什么后悔？

要放浪游戏，年纪未免太老；要心如死灰，年纪未免太轻；要重写命运，年纪恰逢其时。

01

我今年 41 岁，27 岁生孩子，孩子三岁后重返职场。三年的断档，一切重新开始，让自己仅有的一点竞争力也几乎丧失了。一把年纪了，每天还要和应届生一起开会、培训，内心是焦灼的，身体是疲惫的，睡眠是不足的，前途是渺茫的，脾气是暴躁的……

人在痛苦时通常有两个选择：一是努力，二是沉沦。我理直气壮地选择了后者。

于是，每天买菜烧饭，洗衣服接送孩子，辅导作业……十年如一日。全职主妇真是太累了，每天忙忙碌碌，家里也没见多干净，孩子的学习起色也不大，还要为婚姻担忧，生怕哪天离婚了就没了收入，感觉这世界背叛了我的每一滴汗水。从前哪怕工作再辛苦，但年底的 performance（绩效）是好看的，也算是得到认可，现在一切都成理所当然了。

十分羡慕40多岁职场得意的女人，如果我30岁时是现在的心智，我是绝对不会辞职的。同时也很怀念体重两位数时的轻盈。看着镜子里臃肿不堪、头发油腻、皮肤松弛的样子，仿佛那些阳光灿烂、笑容甜美的日子已经是上辈子的事了，心酸不已。

02

今年39岁了，感觉距离40岁就是一秒钟的事了。因为什么后悔呢？大概就是年轻时没好好赚钱吧。

那些以为走不出去的日子，就这么回不去了，而我却什么准备都没有，不管是精神还是物质。

这几年陆续送走了我的父亲和公公，感觉人生实难啊，生也难，死也难。这两位老人，都是公务员，医保可以全额报销，但是很多进口特效药都不在医保范围内，即便在医院也没有。公公是肺癌，中期还可以用积蓄勉强支撑，到了后期用靶向药奥斯替尼，一个月费用5.1万元，不得不卖了一套房子艰难维持。老人知道后，自责地哭了很久。

四个月后，老人还是没了，准备后事，买墓地、丧葬费、殡仪馆的其他开支……都是以万为单位。虽说都是给活人看的，却哪项都少不了。我的母亲和婆婆，年纪也大了，每年都要住一两次院，企业单位医保报销比例并不高，我和老公都是独生子，不管是经济上还是体力上，都被压得喘不过气来。

孩子10岁了，每个月钢琴、舞蹈、英语、补习班的费用都不敢细算。前几天孩子对我说，她的同学去参加游学项目了，我心中一惊，赶紧打消了她这个念头。她失望地问我为什么，我心中内疚不已。

很多时候我在想，如果我30多岁时努力点，是不是现在的职位就高一些，经济状况也会好一些，起码能让老人安心地看病，让孩子快乐地成长，不必像现在这样惶惶不可终日。

所以，真的很后悔，事业上升期时没有积蓄力量，让自己可以从容面对中年生活的种种不堪。父母已经老去，孩子还未长大，现在每天都在用尽全力地去应对生活。

03

我今年45岁，老公是一名非常出色的医生。起初我曾以为这样优秀的男人是上天送给我的惊喜，可是，不久之后，真正的"惊喜"才来——他出轨了，在新婚仅半年之后，他就爱上了一个护士，过程龌龊且不齿。

我反应激烈，提出离婚，并且让他净身出户。他后悔了，跪下来求我，现在想来应该是怕我去单位闹，影响他的前途，更不愿意放弃财产。我最终还是可耻地原谅了他。

三年后孩子出生了，日子又生动了起来。一天我刚把孩子送到幼儿园，突然想起工作用的 U 盘忘记带了，转身回到家，以为他下了夜班在睡觉，特意轻手轻脚地开门。刚进屋我就觉得不对，门口放了一双女士运动鞋，很明显不是我的。他听到声响从浴室冲了出来，表情呆若木鸡，身上湿漉漉的，只裹了个浴巾，啤酒肚猥琐地搭在腰间，稀松的头发凌乱不堪。我当时的第一想法是我当年一定是瞎了，看上了个这么恶心的家伙。

之后长达半年的离婚拉锯战开始了，两边老人都不同意，他也不同意。我从一开始的态度坚决，到后期每每孩子要找爸爸都心生疑虑，理智没有战胜情感，还是妥协了，最终浑浑噩噩到现在。

现在，每每看到别人一家三口出门游玩幸福的样子，我都羡慕不已。有时候我会想，如果我 30 岁时第一次发现他出轨就离婚了，那么现在应该是过着另一种人生。有一个相亲相爱的人在身边，不会每天为了孩子勉强回到那个冰冷的家，也不会对孩子充满内疚。

那是一种什么感觉呢？就像一把大火烧掉了你的房子，那些残骸和烟尘在空气中腐烂、发酵，发出阵阵恶臭，以及阵阵绝望。可你不得不回到那里，因为那里有你瑟瑟发抖的孩子。

生而为人，实非我愿。

40岁，是一个已识乾坤大的年龄，女人到了这个时候，通常会开始审视自己已经历的人生旅程。事业、金钱、婚姻这三个方向，在30多岁时总容易犯下错误，有些错误是可以轻而易举地弥补的，有些错误却是致命的。所以，如果你现在已经到了30岁，那么有些事你必须要知道。

明知道自己软弱，却不去抗争，最终只会在人们淡漠的目光下倒在街头，倒在比地面更低的地方。所以，去工作吧，把自己放在舞台上，而非困在厨房里。如果实在不行，你也可以做家庭主妇，但你不能把自己活得那么惨。名下要有不动产，银行要有私人存款，家务不能一个人做，孩子更不能一个人辅导。在具有扭转乾坤的力量的同时，也要优雅精致地生活。生而有翼，不能匍匐如蝼蚁。

关于金钱，你可以生时一无所有，但你不能死时仍旧贫困潦倒。从30岁起，就要为人生的寒冬留出余粮。要知道，这世上除了金钱，没什么能让你体面地活着。

萧伯纳说，这个世界有点霸道，有点偏袒，有点蛮不讲理。所以有人被遗忘在人世间，有人被佩戴上主角光环。亲爱的，你不能完全靠上帝，你要为了自己的光环去争取，不能有丝毫退让。妥协的可怕之处绝不仅是利益的丧失，而是人在痛苦之下忍受久了，意志也会一点点被蚕食，不仅找不到突围的路，还会丢弃想要突围的心，最终安于现状，忍受貌合神离的伴侣，接受不堪忍受的婚姻。所以，如果你想离开一个人，一定要孤勇。

如果你30+，我不祝一帆风顺，我祝乘风破浪。

如果你40+，我祝你披甲再战，旗开得胜。你的下半生才刚刚开始。凡是过往，皆为序章。从这一刻起，一切都是新的。

人生的崩溃，
源于精神的荒芜

一个缺乏信仰的人，在一个缺乏信仰的社会里，必然不会约束自己，无所畏惧。你让他守住底线，可他早就没了底线。

钱婶垮了。像无数拆迁暴发户一样，从巅峰到谷底，快得像一碗麻辣烫出锅的时间。

2012 年，我从北京搬到哈尔滨，认识了开麻辣烫摊的钱婶。

钱婶每到农闲时候，都会在小区附近的棚子里出摊，底料都是自己配的，味道却出奇的好。生菜、木耳、鱼丸、香菇等一众"万物"，泡在翻红的汤汁里，随着炉火沸腾，沾染彼此的味道，融入彼此的灵魂，够隐晦，也够生动。

那时的钱婶热情爽朗，每天哼着小调，和不善言辞、勤快老实的钱叔欢快地煮着麻辣烫。在他们眼里，麻辣烫的浓烈与咸香才是日子的味道。可惜他们不知道的是，当所有食材一同奔向翻滚的汤锅里时，也意味着一场赴汤蹈火。此后，欢喜、惨烈、落魄，贯穿了他们整个后半生。

那几年的哈尔滨到处都在征地、拆迁、盖房子。钱婶家恰好在周边有 100 垧地，他们村基本每户都有七八十垧地，于是在全村人的共同努力下，几乎是一夜之间，家家都分到了一个天文数字。

就这样，那些拿着锄头任劳任怨在地里刨食的庄稼人，一夜暴富。结果呢？结果是平淡晦涩的生活突然无比绚烂，欲望横生，存在感爆棚，仿佛血管里流淌的血液都变得高贵了。后果呢？后果难以描述。

起初是买车，百万级的揽胜和霸道几乎每人一辆，是的，每人，不是每户。

赌博。哈尔滨的学院路当时属于拆迁户的聚居地，地下赌场和黑彩，就是那个时候泛滥的。夜晚还没到，小面包车就会在固定地点等着拉客。

吸毒。本就心性不定，加上精神的荒芜，染上毒瘾也合情理，于是乎，毒品泛滥开来，练歌房里的服务生都会问你要不要猪肉和米，猪肉是冰毒，米是K粉，可怕的是价格都不贵，一般在200元左右，以至于很多人觉得自己负担得起，很多大学城里的学生都沾染上了。

嫖娼。黑暗掩盖了所有的罪恶，浓妆艳抹的姑娘也借此出现，然后带着一个个空虚的灵魂回到昏暗的小旅馆。

就这样，无数的如钱叔一样、一辈子唯唯诺诺的老实人，开始吃喝嫖赌打老婆，任由欲望驱使人性，颠覆了整个前半生的人设。

女人们呢？大多如钱婶，哭过了，嚎过了，闹过了，管不了，不管了。也开始学着男人一样消费，买貂，买金银首饰，叮当挂一身，买各种亲戚朋友鼓吹的直销品和传销品。

孩子呢？初中没念完就辍学了，这么有钱了还上什么学？学着父母赌博溜冰、饮酒作乐，才是正事。

就这样，天文数字没几年就在全家的共同努力下败光了。然而，恶习染上了戒不掉了，怎么办？各种小额贷款高利贷都来一波，又维持了一年。崩盘的那一天，能跑的都跑了，留下老父母拿着农药应对讨债者，最后还不得不以六十几岁的身躯，外出打工帮家里还债。

没钱的时候是个穷人，有钱之后连个人都算不上，荒诞得很。而这荒诞源于什么？源于精神的荒芜、脆弱。

困惑、迷茫催生了他们对金钱的向往，然而在收获一切之后，他们又再次陷入困惑和迷茫。没有信仰、没有目标，精神圣殿里没有支柱，溃败来得水到渠成。

卡夫卡在《午夜的沉默》里写道：人要生活，就一定要有信仰，信仰什么？相信一切事和一切时刻的合理的内在联系，相信生活作为整体将永远继续下去，相信最近的东西和最远的东西。

人性永远不会是最简单的坏和最极端的好，你猜不透真挚里面有多少虚假，高尚里面掺杂多少卑劣，善意里面混合多少利益，甚至邪恶里也能看到美德。所以，你不能靠人性去驱使肉体行事，你要靠的是理智，是信仰，是强大的精神世界。

一个缺乏信仰的人，在一个缺乏信仰的社会里，必然不会约束自己，无所畏惧。你让他守住底线，可他早就没了底线。总有一日，他会成为别人的地狱，当然，也是自己的地狱。

所以，去读书吧，让精神世界不会萎靡不振；去旅行吧，让视野超越你肤浅的认知；去做一切心怀善意的事吧，你心底的柔软，一定会成为抵御外界一切诱惑的城墙。

一场严打过后，所有的罪恶都悄无声息地消失了，仿佛从来就没出现过。

多年后的夏天，钱婶的麻辣烫摊又开张了。钱叔依旧在忙碌地收钱，只是望着手里散碎的零钱，再也没有从前的幸福感了。而钱婶也不再欢快地哼着小调了，也许是生活的落差已经把她彻底打败了。

是的，五年后的麻辣烫，香气早已散去，辣椒的热情与食材的淳厚，再也吃不到了……

那是你的北京，
却是我的紫禁城

这里交织着金钱、权力、欲望与薄如蝉翼的爱情。

2009 年，我大学毕业，只身来到北京。通州，这个时不时出现在郭德纲相声里的地方，有着糟糕的基础设施建设，拥挤的居住环境以及低廉的房价，是外来人口的栖息地。

靠着房子发了财的当地人很少在这居住，他们提着鸟笼，他们盘着核桃，他们下着象棋，他们斗着蛐蛐，他们的正业是游花逛景，副业是赌石遛狗。每到年底，他们可能会屈尊来这里看看房子维护得怎么样，顺便去中介聊聊涨银子的事，然后以最快的速度走掉。他们一面笑纳这里的钱，一面不齿于这里市井的咸腥。

通州的夏天就是千余米长的地摊和拥挤的大排档，闷热中一股凉风刚一吹来，就消失在人群中了。这时，赤膊的东北汉子大口喝着扎啤，下面条的山东人端起大碗，拌凉皮的山西人愉快地收着钱……一切的嘈杂映衬在远处起起灭灭的灯火下，犹如一个休憩的灵魂在享用廉价食物的贫民窟，那又怎么样呢？16世纪的巴黎难道会比这里更好吗？

那时的我，住在通州，却在朝阳上班，因为贫富差距，每天都像穿越了一样。

许多个早晨，我意气风发地拿着一杯可以换一周早餐的星巴克，站在公司巨大的落地窗前，俯瞰CBD众生如蝼蚁般川流不息，假装自己已经成功了。可是下一秒满脸横肉的策划部经理，就会怒喊着让我滚去干活。生活真的太难了，不然我真想摘下工作牌，问候这个家伙。

夏天最怕的就是北京惯有的大雨，因为我们租的顶楼会漏雨，而且因为城市雨患，交通堵塞，汽车抛锚，未必能挤上地铁回家，回不去就意味着要另找地方住，附近倒是也有朋友，但她们的居住标准绝不会比火车卧铺宽出一厘米，怎么住？

冬天最怕暖气停掉，冰冷的北京，冻得手眼通红，小气的老板可能会因为心疼电费调转空调，所以通常到单位半个小时了身体还是缓不过来，坐在冰凉的马桶圈上，屁股都会觉得温暖。

为了留在这座城市，我每天都干着全公司最累的活。有一次，为了拿下一个项目，我坐了好几个小时的车，临近日落才到了那个位于北京郊区的大厂子，荒无人烟的地方，我深一脚浅一脚地独自奔走。

那边的领导本就不打算跟我们谈这个项目，于是找了借口避而不见。我就那样坐在厂区的门口等着他开完会，等着他吃完饭，等着他下班，等着他没办法无视我……

夜幕降临的时候，他终于出来了，看到了满脚泥泞，有些狼狈，目光坚定的我，愣了一下，终于给了我一个做项目分析的机会。我把脑子里早就循环了无数次的分析数据和优势对比，一一讲给他听。那天晚上很顺利，我成功地拿下了这个全公司都以为签不下来的合同。

等往回走的时候，天已经黑了。我一个人在荒芜的夜色里走了很久才上了一辆公交车，下了公交车换乘地铁的时候，天开始下雨。半个小时的路程，风雨肆虐，我硬是没打车。

租的房子在六楼，楼道里的灯忽闪忽灭。隔壁的室友还没回来，我从厨房拿来几个盆放在棚下漏雨的地方，然后换了身干净的衣服，躺在熟悉的床单上，终于放声大哭，为这一程黑暗漫长的路，为那一路黯淡的星光。

这里交织着金钱、权力、欲望与薄如蝉翼的爱情。这里的人无比勤劳勇敢、无比热爱生活。然而那又怎么样呢？在漫长的努力中，平均半年搬一次家，安全感逐渐流失殆尽。

没有一所房子，包裹得了你的情绪和生活，时间久了，你所有的努力就会显得毫无道理，就像一场盛大的暗恋，我在你怀抱里，但我却不能说我属于你。

终于，散场的钟声敲响了。

大兴区的一场大火，逼得所有人都在找房子，包括我的一个同学。我安排她来了通州，晚上我们吃饭的时候，她对我说，很可笑吧，毕业这么多年还是没稳定下来。她的每一个字都让我觉得无比尴尬，但更多的是难过，因为我知道她比谁都努力。

她告诉我中介的房源特别紧，自从下达清退令以后，一夜之间租房价格涨了30%以上。尽管如此，那些存在着各种弊端的房子还是遭到了哄抢。中介带着她只看了两套房子就不耐烦了，因为有太多客户在等着了。这两套房子无论从地点还是价格，对于她来说都有点离谱，她犹豫不决。

下午回去，看着昔日热闹的街坊们都在打包行李，隔壁阿姨的小女儿，不愿离开自己出生时就在的出租屋，不停地哭闹。那场景，与其说是一场搬迁，更像是一场逃难。

等我们吃完饭的时候，她收到短信，那两套离谱的房子也没了。

…………

我迷茫了，望着那些西装革履，精致得体，透着焦虑气息的男男女女，我突然想拦下他们，告诉他们：走吧，离开这里。可是我知道，我没有权利阻拦别人的梦想。

我，来到这里，无枝可依。我得把自己豁出去，才能在这个人满为患的地方，挤出一片自己的领地。我成了，会开心，不成也没关系，至少我鼓足勇气过，并在这个过程中让自己强大起来了。

一个月后，我离开了北京。当我最后一次凝望一座座高楼大厦时，泪流满面。

再见，你们的北京。

再见，我的紫禁城。

4

社交的艺术

你有资格谈社交吗？

姑娘已长大，忘却了诗和牧笛，心中只渴望闹市的喧嚣与烟火，遂终日呼朋引伴，与贩夫走卒为友，终成无知妇孺。想回原野与沙丘，却无风助力；想登高门大户，友皆无能为力。

年轻时的巴菲特，拥有无比聪明的大脑，以及富甲一方的原生家庭。人很风趣，绅士，英俊。

这样的他坐在你面前，你内心激动不已，绞尽脑汁地找话题想把关系发展下去。于是搜遍了大脑中的每一寸角落，最后，指着汉堡问道："午餐好吃吗？饮料免费，还要续杯吗？"

他吐了下舌头，尴尬地笑了笑。

你顿时感到出师不利，本想平易近人，没想到一下子暴露了自己的肤浅，于是你又故作高深地跟他讲了亚当·斯密的《资本主义与自由》。

他继续尴尬地笑了笑，告诉你《资本主义与自由》是米尔顿·弗里德曼写的。然后，他向你讲解了他对股票的看法，包括他的护城河理论与可笑的抢高杀低，以及资本运作的规律与尺度。

你像听天书一样，连捧场都做不到。

这个级别的人脉有用吗？当然有用。你能将关系维持下去吗？不能。给你机会接触到这样优秀的社交资源，可你连沟通都有问题，还谈什么维系与受益。

那些优秀的人隐藏在内心世界里的汹涌波涛，是你这个浅沟缓流所无法承受的。他们在精神世界中构建圣殿，在现实世界里开疆拓土，可你连做个包工头的本事都没有，有什么资格怪人家冷落你。

视野，提高他们的阈值、自律，打造了他们的金身。他们的精神领域和现实生活同样忙得不可开交，他们没理由浪费时间同低眉顺眼、没本事的人打交道。

所谓人脉，首先要求的就是同等分量的人。艺术学术你不行，投资经营你也不擅长，专业技能更是没有，从没认真生活的你别说提炼成一本书，就连做成一张传单也就是寥寥几句大白话，一目了然，肤浅得很。同时在世俗层面上看，你也没有高人一筹的经济能力和外貌体现。你比别人不知道弱了多少倍，一味地攀关系自以为有利可图，殊不知别人只把你当成了跳梁小丑。

所以说，你在弱的时候是没资格谈社交、谈人脉的。因为这些东西从来就不是靠努力求来的，而是吸引来的。它的基础是你的"利用价值"：你的利用价值越大，他就越愿意帮你。所以，与其把时间花在多认识人上面，不如花在提升自身价值上。

我有个女同学是学 IT 的，而且学得很好，她在他们学院简直是一种稀有的存在。

当她决定毕业后要投身经济领域，而非技术领域时，她就开始刻意结交人脉了。富二代，官二代，红三代，都是她交友的目标。

其实混迹在这个非富即贵的圈子里真的不难，只要一起吃吃喝喝，买买东西就差不多了。只是太烧钱、烧时间了。

毕业一年后，大家已经很熟了，一次聚会聊一个传媒项目，启动资金是 600 万。

a 君说，家里有两层写字楼，可以拿出来当基地，同时再认识几家广告公司，宣传的事也可包揽了。

b 君说，认识几家公关娱乐公司，名人代言之类的没问题，同时也能拿到电视台黄金时段的广告位……

c 君说资源不多，但是毕业后赚了点钱，启动资金负责一半没问题。

余下的几个人分摊剩下的钱，轻而易举。大家边喝酒边聊天，只有我同学一言不发，木讷得很。大家问她："你是学 IT 的啊，网站后台交给你没问题吧？"

天知道我的同学为了挤进这个圈子，花了多少时间和精力，IT 这个本就需要与时俱进的圈子，她荒废得太久太久了，只能婉言拒绝。

大家笑，说没事儿，以后还有机会。

但真的还会有机会吗？没资本，没技术，下个项目依旧什么都提供不了，别人凭什么还会带你。

在自我升值最重要的几年，跑去苦心经营了一些毫无意义的东西，失之东隅，又失之桑榆，难道不可笑吗？

30 岁，正是当打之年，只要有人喊你出去，你便随叫随到。八卦聚会，唱 k 喝酒，打麻将，抱怨婆媳关系，夫妻吵架……什么事找你你都去，自以为朋友多，其实你只是凑单的，找谁都一样，只不过你是最闲的。

你总是能被想起来，你也总是被忽略掉。到最后，你的奋斗年华，就被这些无效社交荒废掉了。

社交人脉的前提是实力，你有吗？没有的话，就先滚回去努力吧。

真正优秀的人，
都懂得尊重别人

仓央嘉措说："我以为别人尊重我，是因为我很优秀。慢慢地我明白了，别人尊重我，是因为别人很优秀；优秀的人更懂得尊重别人。对人恭敬其实是在庄严你自己。"

韩非子在《说难》中提到，龙的脖子上有两块逆鳞，触动它，龙就会大发雷霆。当然，韩非子要告诉世人的并不是龙的禁忌，而是人的禁忌。

是人就会有弱点，有禁区，有那些不愿意让人触及的缺憾、隐私，或伤疤。可现今有许多聒噪、愚蠢的女人却总是喜欢有意无意地触动那些敏感的"逆鳞"，甚至是揪着他人的"逆鳞"赤裸裸地嘲讽。其实，她们戳别人的"逆鳞"的行为，不过是为了获得一种优于他人的满足感。如果你也是其中的一员，那么很遗憾，你会很难建立起自己的人脉网。因为这种满足感是建立在别人的痛苦之上的，而任何一个人都不会喜欢与给自己带来痛苦的人打交道。

中国人向来重视尊严与荣誉，你都不知道你所谓的"玩笑话",给别人带来多少困扰。所以,在社会交往中,你若想与他人建立和谐的关系,就要学会尊重他人,学会给予他人尊重。否则,你一时的口舌之快,一时的虚荣心满足,往往会招致无穷后患。

三国时期,刘备第一次进西蜀时,为了讨好益州牧刘璋及其手下的官员,态度谦恭,言语低调。就这样,刘璋的臣开始飘飘然起来,特别是长着一把大胡子的张裕,更是忘乎所以地拿刘备开起玩笑,他讥讽刘备说:"长须美髯才够得上男子汉大丈夫,那些嘴上少毛的人,哪有大丈夫的气概!"胡子稀疏的刘备讪讪地笑着,依旧一副谦和的姿态。半年后,刘备领兵打下益州,当上了蜀国之主。不久,他就找了个借口,将那个当年嘲讽自己的张裕杀了。

古时,男子以须眉浓密为美,胡子眉毛稀少的男子通常被认为缺少男子汉气概,而刘备不幸,也在此列中。本来也没什么,可张裕偏要同刘备比胡子,以己之长,攻彼之短。如此一来,有失颜面的刘备怎能不反感张裕。当时是在刘璋的地盘,刘备只好忍辱负重,不便动怒,而待到刘备掌握大权,必然伺机发难。

诚然,刘备杀张裕有失君子风度,但如果不是张裕说话尖酸刻薄,触碰刘备的"逆鳞",又怎会招来杀身之祸?

人,就是这样奇怪的动物,能够接受吃明里暗里的亏,就是不能吃面子上的亏,所以要想有效地影响他人,就要善于从细节上下功夫，给对方留足尊严。这样当你做事情的时候，对方才会给你留面子，并忠诚地帮你做事。

如果你不想制造一个敌人，或是失去一个朋友，那么言行举止最好谨慎些，多去顾及一下别人的颜面。只有这样，你才能赢得别人对你的认同和友善。

我有个朋友是学传媒的，现在已经是业界红人，求她办事的人真的很多。一次，我们吃饭时她接了个电话，愣了一下，才开始寒暄，然后就是委婉拒绝的节奏。

后来，她告诉我对方是她的大学老师，想送个人进她的公司。我说你拒绝了呀，很难办吗？她告诉我非常容易，可她不想帮。这个老师平时就以尖酸刻薄著称，最过分的是，他在最后结业审核作品的时候拖进度条！做传媒的人最看中的就是拍摄的作品，可辛辛苦苦做的片子，最后却被老师因为赶时间快进着看完，继而又带着浓浓失望的口吻，批评她的镜头抖。2倍速看完，还能看清镜头抖不抖吗？

很多时候，我们以为我们尊重的是别人，其实是我们自己。我们以为留有余地是为别人，其实也是为我们自己。

当然，尊重不是因为要达到目标的刻意展示，也不是依靠社会道德的约束而克制内心的行为，而是对平凡生命和琐事的心生敬畏。只有这份敬畏，才能让你足够优秀且豁达。就像日本电影《入殓师》所表达的那样：对每一位死者都怀有敬重，以高超的技艺和平静的态度使逝者在临走前展现出最美的那一面。

真正的尊重，与他人无关，只要你心怀善意，就够了。

那些你看不顺眼的人，
后来都怎么了？

看一个人不顺眼，往往都是我们在情绪管理上出了问题，而不是事情本身的对错。所以，只有控制好自己的情绪，调整好心态，把看不顺眼的人看顺眼了，才能创造出有利于自己的环境。

生活中，我们总能遇到看不惯、看不顺眼的人。这些人可能是因为与我们利益上存在对立，可能是无意中伤害过我们，更可能是没缘由的不喜欢。每当看到他们身影、听到他们的声音，甚至是闻到他们身上的气味，我们都会产生厌恶，尤其是女人，喜恶更是分明。喜欢之人，亲近礼让；厌恶之人，唾之弃之。

其实，这是一种非常不理智的做法。因为你所厌恶、看不顺眼的人未必就是对你没帮助的人。在职场上，人与人之间的关系大多是理性的互惠互利，仅因为主观上的不喜欢，就远离对自己有利的人，实在不是明智之举。

我的一个朋友，是一家 4S 店的销售顾问，业务能力特别强，所有人都以为她要提上销售总监的位置上时，总店却空降来一位总监。当然，对于这位新来的总监，她是满腔不满的。

几天后，她和这位总监出去见一个准备批量采购的大客户。当到了那里之后，她发现有一份很重要的采购表没有带，便提出立刻返回公司取。客户见她粗心大意，十分不悦。销售总监见状，就毫不客气地当着客户的面批评了她。

后来，她越看总监越不顺眼，并且情绪波动较大，总觉得他在找茬，索性辞职，放弃了正在上升期的事业，跑到了一家小公司里，从头干起。

而那位总监呢，在一位实力强劲的对手走掉后，领导更为重视他，一路顺风顺水，年底顺利加薪。

所以呢？那些你看不惯的人都怎么了？现实告诉你，都越来越顺利了。

对自己不喜欢的人，我们都想敬而远之，但事实上很多时候我们又不得不与他们合作，甚至有时为了达到某种目标，我们还必须和他们保持和谐亲密的关系。当然，强迫自己对看不顺眼的人展露笑颜的确不容易。但其实，你完全可以不必伪装，不必违背自己的心意，真心地和自己厌恶的人交朋友，让自己接纳对方。这样做不仅能展现你的气度、胸襟，更能化疏为亲，化敌为友。

事实上，更多的时候，我们看不惯对方，原因往往出在我们自己身上。我们总觉得万事万物，都该符合我们的认知，当别人的价值观和我们不一样时，我们就会有负面情绪产生——看不顺眼，苛求别人改变，其实这也暴露了我们的狭隘。

有这样一个故事：

一个太太多年来，一直看不顺眼对面那家的女主人，总在人前抱怨：她晾晒在外面的衣服总有污渍，真是又邋遢又笨，连衣服都洗不干净。

直到一天，她的朋友来做客时提醒她，她才知道原来不是对面的女主人衣服没洗干净，而是自己家的窗户脏了。

所以说，如果你看一个人不顺眼，一定要先审视自身。通常来讲，高情商的人，往往有更高的兼容性，也就是能够接纳更多不同类型的人。而情商较低的话，则更容易对人看不顺眼。

那么，如何克服内心的障碍，让自己从内心接受、认同对方，把那些看不顺眼的人看顺眼呢？你需要从以下几方面入手：

1. 和攻击性较强的人相处时，对方的话不必放在心上。

2. 增加彼此接触的机会。如果有误会的话，自然也比较容易解开。

3. 站在对方的角度考虑问题，多想想对方的优点，不要死咬缺点不放，学会宽容。

4. 尊重对方，关心对方，多赞扬对方，让对方知道你并没有心怀敌意。

5. 尽量不要表现出明显的厌恶感，如果实在不行，可以保持适当的距离，避免不必要的冲突。

6. 主动活跃气氛。在一起相处的时候，多开开玩笑，无须太拘谨，虽然这样做可能不太容易。

7. 在关系僵持或恶化的时候，一定要主动表示友好，没必要碍于面子而原地不动。

8. 包容和忍让。哪怕你善待对方，对方还是对你不好，你仍旧要继续保持与对方友好的态度，只要心存善念，不断地付出，对方一定会转变。

9. 要投其所好，不妨送些对方喜欢的小礼物，不用太贵，心意到了就好。

看一个人不顺眼，往往都是我们在情绪管理上出了问题，而不是事情本身的对错。所以，只有控制好自己的情绪，调整好心态，把看不顺眼的人看顺眼了，才能创造出有利于自己的环境。

情商高的女人，都是怎么说话的？

说话技巧，可以彰显出一个女人的睿智和高雅，也可以暴露出她的愚蠢和低俗。

红楼梦第三回，林黛玉进贾府。

王熙凤初见林黛玉：

"天下真有这样标致人物，我今才算见了！况且这通身的气派，竟不像老祖宗的外孙女儿，竟是个嫡亲的孙女……"

简单几句话，夸了林黛玉，讨好了贾母，又逢迎了另外几个孙女。如果说王熙凤的能言善道是在高门府邸历练出来的，那年纪尚轻的林黛玉就通时达变得可怕了：

贾母因问黛玉念何书。黛玉道："只刚念了《四书》。"

黛玉又问姊妹们读何书。贾母道："读的是什么书，不过是认得两个字，不是睁眼的瞎子罢了！"

转眼贾宝玉回来，走近黛玉身边坐下，细细打量一番，问："妹妹可曾读书？"黛玉道："不曾读，只上了一年学，些须认得几个字。"

一部《红楼梦》简直将语言的艺术展现得登峰造极，王熙凤一张巧嘴能将贾母哄得心花怒放；薛宝钗观察入微，一句话就能说到别人心坎里去，连情敌黛玉都和她"互剖金兰语"。连同着平儿、尤氏等小人物，都能深谙说话之道，舌灿莲花。所以说，不懂得说话的人，真该好好读读《红楼梦》。教科书式的说话技巧和颖悟绝伦的高情商，即使放到现在都是十分受用的。

一个人说话的背后，不仅体现了他的修养，也体现了他的品格与城府。卓越的语言艺术，不仅增添了个人魅力，同时也保证了事业上的无往而不利。

前阵子，电视剧《都挺好》特别火，然而比起热议的原生家庭、养老问题、重男轻女，我觉得苏明玉的精英形象更吸引人。

她事业成功，身处高位，与之相匹配的是高情商和让人折服的说话能力。其中有一幕，是苏明玉劝周姐放过自己的二哥苏明成，整个过程不仅不卑不亢，而且气场十足。

开篇就暗示了谈判的基础：我和你的领导，很熟。即便如此，她也没有咄咄逼人，不仅没有先开口提诉求，反而讲起了自己的故事：

"我年轻时啊，也得罪过领导，还被修理了好几年。不过，没几年我就坐上了比她更高的位置。"

"我也想报复啊，但想想还是算了，给双方都留点余地，挺好。"

苏明玉很聪明地就让周姐明白：三十年河东，三十年河西。实在没必要为了一些鸡毛蒜皮的小事，为自己日后埋下祸根。同时，也巧妙地给了双方台阶下。看似柔风细雨，却句句到位。

其实，苏明玉揭露的，不仅是职场，也是人生的生存法则：出身只是你的起点，而情商，才决定了你最终能走多远。而一个情商低的人最明显的特征就是不会说话，这也是一段关系慢性致死的元凶之一，友情如此，爱情亦如此。

我的一个大学同学，说她秀外慧中，一点都不夸张，任何标榜能干、勤快的主妇都会被她瞬间秒杀。可惜她除了贤惠漂亮，还有一个致命的特点：说话难听。

一次我跟她逛街时，她先生打来电话说，晚上领导要请他吃饭，可能要晚归。

我的同学马上嗤之以鼻道："你能力也有限，职位又不高，领导为什么要请你吃饭？"

　　我在旁边听着，都替她先生难过。果然，电话那头的语气同样不友好，并且迅速挂掉了。

　　前阵子听说她离婚了，想来她先生终究还是忍受不了她语言上的冷暴力。可见除了外表与勤劳，女人还要拥有情商，还要把握好语言的艺术。

　　一个聪明的女人，最好的状态绝不是尖酸刻薄，而是虚怀若谷，淡然如水。遗憾的是，生活中很多女人都难以做到，她们爱逞口舌之快，言语犀利，擅揭人短处，或是单刀直入地评价他人的衣着与妆容，令人尴尬，末了还云淡风轻地替自己解围："我向来说话直，你别生气啊。"让人厌恶得很。

　　我们从小到大，都以"听话"的形式被教育，长大以后却被要求以"说话"的形式考核。小时候不听话被父母棍棒相加，长大了说不好话又被社会棍棒相加。不得不说，我们的成长与成熟，本身就有一种尴尬存在。那么，如何化解这份尴尬，通过语言的考核呢？这就要求我们做到以下几点了：

注意关系远近

别问不熟的人那么多问题，感受到对方的疏远与拒绝后，要马上适可而止。有些人本身就是比较内向或者慢热型，你一味地逼问，只会让大家都很难受。

少说赘词

不管是在演讲、报告还是聊天中，都尽量少说赘词，比如呃，啊，噢，这个呢……它很容易给人一种思维不清晰和不自信的感觉。

克制虚荣心

不要处处隐晦地炫耀自己，谁都不傻，怎么会看不出你的炫耀与浅薄。

比如一个朋友说她去了巴厘岛有多么好玩之类的，你马上接上话说："我早就去过了，很落后，很原始，还是欧洲比较好玩……"这样真的会让对方反感。

换个说法

反例：离婚后，你过得怎么样？二婚可不容易找到好男人了。

正例：一个人，过得还不错吧？不用着急脱单，好好享受几年单身时光！

收起你的刻薄，设身处地地聊天，才不会遭遇反感。

让他人觉得自己很重要

1. 聊天时，不要总看手机。

2. 聊天内容少以自我为中心。

3. 请求帮忙时，态度要诚恳，突出对方的重要性："这件事情，别人真的做不到，只有你了。"

不做无谓的争论

在人际交往过程中，任何人都不可避免地会遇到与自己观点相左的人，大到世界观、人生观，小到一言一行、一颦一笑等，都有可能与人发生争论。

大多数的辩论都会演变成一场情绪化的，且非理性的争论赛。一旦这样的争论开始，即便你说得头头是道，对方也不会接受。而伴随着激烈的争论，接下来必定是以叫嚷、威胁、羞辱、奚落等将双方观点上的不和升级为维护尊严的冲突，这正是争论的最大弊端。如此一来，无论谁输谁赢，双方都将受到伤害。所以，一个聪明的女人从来不会与人做无益的辩论游戏，因为她们懂得不必要的辩论只会让自己失去朋友，引起不必要的事端。

话说三分，点到为止

《菜根谭》中有这么一句话："见人只说三分话，不可全抛一片心。"很多年轻的女性，在与人交往的过程中，常常口无遮拦，毫无保留，想到什么就一股脑儿地全都说了出来，还以为这样做会表现出自己对对方的一番诚意。殊不知，如果对方本来就居心不良、意图不轨，那么你说出去的这些话，只会被对方加以利用，从而让你为此付出惨痛的代价。

说话技巧，可以彰显出一个女人的睿智和高雅，也可以暴露出她的愚蠢和低俗。在这样一个时代里，要想成为一个被上帝偏爱的女人，必须学会说话。很多时候，说话不单单是一种沟通的手段，更是个人底蕴的展现。成功的女人未必都会说话，但会说话的女人大多是成功的，因为她们往往更容易赢得朋友的信赖、伴侣的尊重、领导的青睐、下属的拥护和社会的认同。

永远站在富人堆里

任何人都不能复制富有者成功的过程，却可以从成功者身上学习一些成功的理念和方法，但前提是要和富人站在一起。

如果说这个社会是一座帝国大厦，那么贫富层次就是由上至下递减，富人永远住在最高层，而最底层则是贫民窟。

富人的眼光总能比穷人的更长远，因为他们能看到一公里外的风景，而低层的穷人则只能看到家门口。目光的局限性也导致思维的局限性，如果你想积累财富，你就一定要像富人一样思考，一样具有前瞻性。所以，站到富人堆里去吧，学习他们思考问题的角度，别被现状套牢。

同一个圈子里的人，不管是环境还是命运都是互相影响的。就像穷人大多生活在穷人中间，每天谈论着打折商品，交流着如何赚取蝇头小利，久而久之，心态成了穷人的心态，思维成了穷人的思维，做出来的事也就是穷人的模式。所以，要想摆脱你现在的窘境，必须先跟这个阶层说再见，当然，这绝不是背叛，而是一种自我改造。

著名的人际关系学家罗伯特·T.清崎曾说过这样一句令人深思的话："你要想创造更多财富，就要主动去接近那些拥有财富的人。"不管怎样，身为一个为事业打拼的女人，要想成功，就一定要学着势利一点，学会"攀龙附凤"，多与背后社会关系总量大的人交往，这样才能突破你的人脉局限，扩大自己的人脉圈子，成就自己的人生。相反，你若抱着"仇富"的心态去看待富人，或带着表面上的清高疏远富人，那么成功只会与你失之交臂。要知道财富不仅仅象征着金钱，同时也象征着能力，向比自己有能力的人学习，不应该吗？

当然，我不是让你不顾一切地和人家攀关系，因为实力的落差使你很容易会被拒绝疏远，毕竟人家真的没有必要花费时间和精力与一个无资源的人交际。所以，我更希望你能站在暗处观察富人的思维模式以及行事作风，反思自己，自我提升，等到你真正实力强大了，相信楼顶的人会主动过来和你打招呼的。

我的一个大学同学迪安，上学时家境就不错，但也只能算得上小富，毕业后凭借着父母给的资金和自身的努力，在股票市场上收获满满，同时也在投资上颇有建树。

一次，她来我所在的城市出差，饭后我们去超市买了些零食和水果。19.8元一斤的进口大苹果看着特别好，鲜艳饱满，我买了两个，40块，蛮贵的。可到家切开的时候，发现里面烂了很大一块，只是外表好看而已。

我比较心疼，这么贵，全扔掉太浪费了，准备把烂的切掉，吃剩下的一半。可迪安顺手拿过去就扔了，我记得很清楚，她对我说："你把它扔了不过是损失了20块而已，可你吃了它，你不仅损失了20块，还吃了一颗烂苹果。"

我觉得很有道理，从那时起，我就明白了止损的重要性。是的，生活，工作，理财，都需要明白这一点。

一个人想富有，智慧必不可少，但运用智慧的思维模式更为重要。一个人想富有，"贵人"必不可少，但有能让贵人帮助自己的本事更为重要。一个人想富有，机遇必不可少，但抓住机遇的能力更为重要。任何人都不能复制富有者成功的过程，却可以从成功者身上学习一些成功的理念和方法，但前提是要和富人站在一起。

其实，你的交际模式和学习方法都是可控的，能否突破自己的交际圈子，昂首挺胸地钻进富人堆里，去学习他们身上的长处，这个决定权也在我们自己手里。如果你是一个不甘平庸的女人，那么就不要害怕与成功人士交往，你拒绝和顶尖人物交往，就等于拒绝了自己成为成功人士的机会。尤其是在接到邀请的时候，因为那也证明了你自身的价值。

"想知道你今天究竟值多少钱，你就找出身边最要好的三个朋友，他们收入的平均值，就是你应该获得的收入。"如果你不想若干年后还为了衣食忧愁，那就果断地站到富人堆里去吧。在那个圈子里，摸清财富的套路，了解阶层的差异性，同时也努力完善自己，最终能够与富人并肩而立。

5

女人的外表，就是生活的样子

女人 30+，
穿最贵的衣服

在最好的年纪，给自己穿上最好的衣服，要知道那不仅
仅是一件华丽的罗衫，更是你抵御生活习难的战袍。

Jillian 是我的大学同学，肤白貌美，美中不足的是欠缺
了些情商。当年结婚很着急，离婚更着急。

在那个失魂落魄的冬天，我陪她买了她人生中第一件五
位数的衣服。那是件 Burberry（博柏利，又称巴宝莉），经典
的牛角扣大衣，线条硬朗，藏肉显瘦又大气。最漂亮的是那
个木栓扣，木质坚硬，色泽淡雅，并且每个扣子上都雕刻了
Burberry 的标志。

之后，Jillian 终于换下了那个 399 元包邮、早已起球变
色的呢子大衣，并且像完成某种仪式似的，打包了满满一衣
柜的淘宝爆款和东大门代购，送到楼下的旧衣捐赠箱。她决
绝的表情，仿佛在告别稚嫩的曾经。

其实 Jillian 在婚后就很少买衣服了，因为单位有定制的
套装，婆婆说套装的版型和料子都很好，比穿其他的常服有

3：7左右。并不是说女性出轨比男性少很多，而是女性出轨后，她们的另一半一般不会选择小三劝退师，而是直接离婚或者在情感上分开。

大部分的第三者在此之前都有过不愉快的情感或婚姻经历。所以劝退他们最好的办法就是虚拟一个比较完美的人物，进入他们的生活，在逐渐被信任的过程中，引导他们倾诉情感的困惑，慢慢拉近彼此的距离。这就是业内的"移情法"。当然，这样的暧昧需要保持一个界限，不然又是一种伤害。

对于大部分顾客来说，婚姻早已不是情感的契约，而是财产的契约。小三劝退师，劝走的只是生活中一次偶然的风浪，劝不走人们迎风赶浪的心。所以，他们的服务宗旨从来就不是夫妻举案齐眉，相敬如宾，而是将这段濒临破碎的婚姻暂时维系起来，达到第三者不闹、老婆不跳的相对和谐状态。

他们用或明或暗的手段，掩盖住这段关系中的背叛、屈辱，确保这个家庭应对好这次难关，免于分崩离析。整个费用大概是 10 万块。

10 万块，值得吗？在我看来，一万都不值得。爱情是两个人的事，一个人忙活那不是爱情，那是追逐。追逐得太久，人就会失去自我。

我见过最励志的离婚是我的同学康妮，原本是蒲柳一样柔弱的女人，却在经历狗血婚变的时候，活成了一个将军。

　　孩子四岁时，丈夫参加同学聚会遇到了初恋，后来一发不可收拾。康妮把自己关起来一天一夜，决定成全真爱，主动退出，财产平分。

　　我为她痛心疾首，这剧情简直比雷子的剧本还要难看。

　　接下来的一年，是她人生最悲催的时光。因为独自照顾孩子经常需要请假，她没少被领导训斥。生活在小城的父母，也因为她的离异觉得脸上无光，经常数落她。为了改变现状，她不得不利用业余时间去读 MBA，去考专业证书……和所有逆袭的故事一样，她成功了。

　　如今她已经是一名大公司的高管，谈及当年的离婚，我说你真是大度。她不屑地笑了："我之所以成全他们，就是想把他们曾经美好的、不食人间烟火的爱情，融入婚姻的柴米油盐、鸡飞狗跳里去，亲手毁掉他们甜蜜初恋的美梦。天知道为了这些我经历了什么，我想我已经不需要男人了，甚至每个父亲节，我都给自己买个蛋糕，我觉得我已经活成了条汉子。"

　　她表情坚毅，气势霸道，像一个运筹帷幄的女王。

　　如果留住这个男人，外面的女人将永远成为他心口的朱砂痣、得不到的红玫瑰。有裂痕的关系，只能靠实力的较量，打感情牌什么用都没有，只会让对方看透你的虚弱与无力。所以，他一提出离婚，她一句挽留的话都没有。

貌合神离的婚姻太没劲了，她不耻，所以她把它送给了他们。然后，用这段婚姻终结了这对违背道德者的爱情。她成功了。

在男人再婚的两年后，一次他们在餐厅偶遇，谈及生活及儿子时她满脸幸福，男人看着也笑了，忽然说："当年真是对不起，虽然说出来挺无耻，但我还是后悔了。"

婚姻的契约，谁先打破，谁就不得安宁，这很公平。

爱情不该凌驾于道德之上，生活的烦恼也不会因为外遇的修成正果而迎刃而解。相反，随着时间的打磨，曾经的美好也会在一地鸡毛的琐碎生活中，变得面目可憎。而这个时间，不会超过两年。

男人有多爱你，
取决于你有多爱自己

一切本源，未必因你起，但一切后果必须由你受。前路风雨凄凄，福祸难料。余生之年，我们要做的，唯有对自己誓死娇宠。

28 岁的你新婚，告别了十指不沾阳春水的少女时代，学着洗衣、做饭，打理各种家庭琐事。

看着镜子里有些疲惫的自己，你打开购物网站，想选一些更好的护肤品。老公哄道："你还年轻呢，根本不需要这些，我们刚结婚，总要为以后做打算。"

29 岁，你怀孕了。他照例早出晚归，家务还是你的。每天除了忍受上司不满的眼神，还要忍受孕吐的摧残。

产检的时候，他陪了几次，然后就借故单位忙，不肯再出现。有时婆婆会来，为你做让你腻到反胃的鱼肉，让你好好给孩子补。

生产那天，你疼得死去活来，他有些无奈地对你说："能小点声喊吗，别人都看着咱们呢！"

说完，从裤兜里拿出手机，点开"王者荣耀"……

这 10 个月，你感觉你完全是一个人在战斗。

你不知道的是，尔后更是如此。

30 岁，这是最痛苦的一年。孩子两个小时醒一次，婆婆说奶粉没营养还贵，一定要你坚持喂母乳。于是，你每天几乎用盆喝汤，吃无数的猪蹄肘子。

凌晨 3 点，你迷迷糊糊地躺着，孩子突然一个翻身从床上掉下去了，哇地一声哭喊，吓得你心一惊，同时也喊醒了呼噜声震天响的先生。

你心疼得哭了，先生数落了你几句，便心烦地上班去了。

第二天，婆婆怕先生晚上睡不好，就让他搬到客厅睡去了。

这一年，你放弃了日渐上升的工作，专心在家带孩子。你的世界不再是美食、美酒、美妆，取而代之的是几乎把你拖垮的家长里短。

34 岁，送完孩子上幼儿园，你就去超市抢购打折的时蔬。你发现周围的大妈们身手比你矫健多了，特价三块八的鸡蛋，她们可以一手提一篮；买二赠一的加量卫生纸，她们也能轻松地扛起来，健步如飞。于是，你不甘示弱，学着她们的样子，扛着大包小包地往家走，汗流浃背。

就在这时，一辆车从你眼前疾驰而过，你看到了车后座上的 LV 纸袋，想象着那里面的包包一定很好看。你也看到了副驾上和纸袋一样好看的女人……以及主驾上目光温柔的……先生，他穿着的那件 Burberry 衬衫，还是你早起熨烫的。

你愣了一会儿，转身将辛苦扛了一路的东西放在了垃圾站，然后不动声色地回了家。

看着镜子里身材臃肿，披头散发，脸色暗黄，眼底浑浊的自己，你有些茫然。

你抬头望了望墙上的时钟，两点钟，还好，老公想必约会完了，接到通知往回赶，应该来得及接孩子。

于是你放心地走到阳台上，纵身一跃，跳了下去……

咔嚓——嗞——

你听到了骨骼碎裂的声音，脂肪组织炸开的声音，以及血液喷溅的声音……你的意识开始模糊，你后悔了，死亡太他妈疼了。

一觉醒来，你又回到了 28 岁，手里还拿着手机的你居然睡着了。你看了一眼购物车，里面没有满满的婴儿用品、厨房用品，只有你舍不得买的衣服、包包、护肤品。于是，你云淡风轻地动了两下手指，全选，付款，完成，购物车清空了。

面对有些惊呆的先生，你压下心底的不屑，挑动眉眼，明艳一笑，说道："我喜欢！"

回过神来的先生，目光温柔地笑了笑说："好吧，买了就买了吧。"那样子和你梦中他坐在美女旁边时的样子，一模一样。

于是，你暗下决心，到死都要维持这种婚姻状态！

…………

"我养你"是我听过的最毒的一句情话，你以为找个男人可以避风遮雨，殊不知你日后的风雨都是这个男人带来的。

或者也不能完全怪男人，因为男女对"养"这个字，本来就存在着理解上的差异。女人以为男人的"养"，是在家泡茶看书，摆弄花草，学学瑜伽，做做美容，和姐妹们喝下午茶，而男人心中的"养"，是让你在家洗衣服做饭照顾老人以及传宗接代，以此为基础，他会给你提供最基本的温饱。

所以，我们只能自己养自己，才能把自己养得很贵很贵，而非一块被嫌弃的抹布，被丢掷在肮脏角落里。

亲爱的，这个社会现实得有些荒诞，与其说别人有多无情，还不如说你没有照顾好自己。你要知道男人有多爱你，取决于你有多爱自己。

一切本源，未必因你起，但一切后果必须由你受。前路风雨凄凄，福祸难料。余生之年，我们要做的，唯有对自己誓死娇宠。

7

焦虑与抑郁：我的心，生病了

这世上，
没有谁是无辜的

人生不过是一场温柔的疯狂，谁都不是无辜的。所谓伤害，都是相互的，只有方式的大张旗鼓和潜移默化之分。

2013 年，对于我的朋友 Angelia，是惨烈的一年。

那是个保守、朴素的姑娘，根本不像生存于厮杀凶猛的外企的高管，更像是享受办公室里温暖阳光的公务员。

那一年，她结婚了，像所有新婚小主妇一样幸福。

那一年，她丧偶了，像所有痛失所爱的人一样濒临崩溃。

幸福结束的时间点在一个雨夜，起码那时我觉得是这样的。她先生开的迈腾，和对向行驶的一辆大挂车相撞，刺耳的刹车声，巨大的惯性和冲击力，让场面支离破碎。伴随着金属摩擦与骨骼破碎之后，血液喷涌而出。等人们赶到时，看到的是迈腾的前半截已经与大挂车融为一体了，尸体很难清理出来了。是的，清理，惨不忍睹。

我看到她时，她仿佛被掏空了灵魂一样，呆呆地看着我，眼睛里藏着无限的空洞，嘴唇下意识地蠕动了两下，却又没有发出任何声音。我上前抱住了她："亲爱的，别这样！"她号啕大哭。

一个月后，所有的后事都办理妥当之后，她打电话告诉我，他先生在婚后将名下的一套房子过户给了另一个女人。她悲切地问我："你能告诉我为什么吗？你知道的，我在乎的不是房子。"

疑问、怨怼、思念、不甘、痛苦一时间将她裹挟进无尽的迷惘中。叹了口气后，她对我说："陪我去泰国吧，我想散散心。"我无力拒绝。

10月的芭堤雅，不算太热，但十分潮湿。

芭堤雅海滨有长达十几公里的海滩，地处曼谷湾的西岸，沙白如银，海水纯净透明，清澈见底。在被美国大兵开发之后，一扫往日的荒寂，满眼的光怪陆离、灯红酒绿与纸醉金迷。可以说这里除了性，一无所有。

我们坐在简陋的小酒吧里喝着啤酒，我有些无聊地问她："我们一个刚丧偶的和一个新婚的，你觉得来这里合适？"

她惨淡地一笑："我合适啊。"

我说："别这样，这不是你的风格。"

她说："明天陪我去一个地方吧。"

我说:"好。"

第二天,我们坐着改装的皮卡车来到一个破旧的房门前,向导告诉我们到了。我疑惑地问:"这是哪?"向导皱了下眉头,没回答。Angelia望着眼前破败的门庭,淡淡地说了一句:"你知道问米吗?"

我心中一惊,急促地拉着她说:"Angelia,何必呢?他已经死了,对或错并不重要了。我知道你是无神论者,来到这你不觉得滑稽吗?"

她说:"可是我有疑问,那个女人是谁,他为什么这么对我?我不甘心,我们结婚还不到一年啊!"

没办法,我依旧无力拒绝。

向导告诉我们,一般做问米的都是停经的女人,叫做问米婆。而这个问米婆,却是个男人,所以我们叫他通灵师。他也是当地生意最好的,因为除了准确之外,最重要的一点是他会汉语。所以,他,一定要提前一周预约。

我看了眼 Angelia,这个伤心的女人果然是计划好的,唉。

跟随着向导,我们走进了黑暗逼仄的陋室,除了简单的几样桌椅板凳之外,比较醒目的就是墙上供奉的神龛,下面摆着琳琅满目的贡品,两侧还挂着泰国著名的鸡蛋花。

微弱昏暗的光线下，我努力地看了看这个神秘男人的脸，鹰钩鼻子，脸上有零星的麻子，没有胡子，40岁左右。

　　接着，他装模作样地举起一把宝剑，舞动起来，像极了京剧里的白面小生，可惜他不够帅。我突然间觉得挺可笑，我为什么要坐在这里？这时包里的电话响了，是一个香港的朋友，问我在干吗，我压低声音用粤语说："我能说我光顾神棍呢吗？"然后匆忙挂掉了。

　　接着第一把米撒了下去，他开始询问Angelia一些情况。他所谓的会汉语真的不能叫作会，最多算了解，沟通起来特别费劲，幸好向导在身边。

　　等到第三把米撒下去之后，我开始收起了我的漫不经心。

　　他的脸开始抽搐了，一下一下的，然后突然间瘫在了桌子上，接着懒洋洋地坐了起来。向导告诉我们，她先生来了。

　　通灵师疑惑地看着Angelia，说："你不该再找我的。"

　　我浑身战栗，这的确是他老公的声音，恐怕这是我有生以来遇到的最惊悚的事了。

　　Angelia边哭边问："为什么？为什么扔下我一个人？那个女人是谁？"

　　通灵师的右手食指和中指搓来搓去，我知道，他老公生前戒烟时就是这个样子。他沉默了一会儿说："我和她在一起其实也没多久，但是我没想到她会怀孕，就给了她一套房子。其实也没什么，给你的不是更多吗？加上我的保险，你得到的有 600 万吧？"

Angelia："为什么？你怎么能这样对我？"

通灵师："别再执着于以前的事了，放下好好生活吧，其实我死得也很冤枉，但是算了。有了钱就做点高兴的事情吧，你从前不是很想开一家咖啡馆吗？这笔钱应该足够了。好了，我要走了，这个地方太冷了……"

Angelia："不，别走！"

Angelia 哭得泪流满面，通灵师筋疲力尽地清醒过来，叹了口气说，这个枉死鬼并不想上来，是他硬拉过来的。

Angelia 很久才缓过来，然后木讷地掏出大把的泰铢交给通灵师，又给了向导很多小费。

我陪着浑浑噩噩的她回到了酒店，我并不是一个好的旁观者，因为我不会安慰人，也不会附和。于是我默默地退出房间，准备去给她买晚饭。

芭堤雅的夜市真是什么都有，冬阴功的味道对于我来说太奇怪了，甜腻的芒果糯米饭我也想不明白，没有盐的饭怎么吃呢？最难以接受的是一种叫虫拼的菜，一般由蝉蛹、蛆、水蜈蚣、蝎子、山蜥蜴组成，油炸之后蘸着甜辣酱吃。当我正欲作呕转过身时，看到了向导，刚想打招呼，他居然拿起了电话用粤语千恩万谢。

一时间我好像明白了，我一路跑到了白天去过的通灵师那里。他打开门看到我，有些意外，但并没说什么，让我进了屋子。

我有些急促地质问他："你是怎么做到的？别装了，我知道你是香港人。"

他不以为意地笑了："说说看，你还知道些什么？"

我说："我接电话时明明很小声地用粤语说话，你居然听到了，重要的是你听懂了，因为我说到神棍这个词的时候，我分明感觉到你瞪了我一眼，以你的中文水平根本不应该。当时我就该怀疑的，可我不明白你怎么知道她老公的那些事。"

他说："聪明。这个对于我来说并不难啊，我在香港做了很多年的侦探，可是赚得并不多，而且有些客户知道真相之后往往还会埋怨我们的'耿直'，很可笑，对吧？世人往往不愿意接受事情本来的面目，所以他们拜鬼求神，祈求命运在告诉他们答案的同时还要庇佑他们，于是，我满足了他们。"

我在发挥侦探手段的同时，还学了口技，然后告诉每一个客户要提前一周预约，方便我搜集资料。要知道在facebook、朋友圈、微博上搜集东西真的不难。

我有些恼火："这样理直气壮地骗人，你是我见过的最出色的神棍!"

他说："呵呵,没有必要生气。你知道我为什么生意这么好吗?因为我在不揭穿客户的同时,总能给予对方最圆满的答案。就像你的朋友,你觉得她可怜?别傻了,她并不无辜,结婚三个月就出轨了,她的老公为了报复她,选择了另一个女人,可是还是舍不得离婚。那个雨夜,他收到消息,她老婆又和那个男人见面了,一时激动才出了车祸。不然你真以为仅因为视线模糊,他就会开到对面车道吗?别以为我骗了她的钱,这些消息可不是仅用电脑就能查到的,我的线人也奔波了好久呢!还有,别试图揭穿我,在这个地方,你动不了我。"

…………

我不知道怎么回的酒店,头皮发麻。Angelia 依旧若有所思的样子,我想问那个男人的事,但最后还是放弃了。或许每个人都在自己的世界里罪恶昭彰过,没有意义。

"Angelia,我们回去吧,我不喜欢这个地方。"

"好。"

人生不过是一场温柔的疯狂,谁都不是无辜的。所谓伤害,都是相互的,只有方式的大张旗鼓和潜移默化之分。别委屈,也别难过,只是明天开始,尽力去做个更善良的自己吧。

当我成为人生的旁观者

余生很长，别太凉薄，这不仅是成全别人，更是成全自己。

坐在我对面的这个女人十分清瘦，几缕发丝垂下，与苍白的脸形成对比。毫无血色的唇，加上带了愁的眉眼，被笼罩在阳光下，遗世独立。

这样的美人，态生两靥之愁，娇袭一身之病，柔弱与憔悴丝毫没有减少她的气质，连女人见了都会心生欢喜。让我不禁放下手中的纸笔，多看了她几眼。

她的名字叫青莲，如同她的人一样干净清澈。可惜她生病了，至少在别人眼里她是"病了的"，她的家人找到的心理医生，刚好是我的朋友 Leo。

Leo 非常专业，我求了他很久，他才答应让我以助手的身份陪他应诊。

青莲："我需要唑吡坦，如果你不能给我就走吧。"

Leo："这类安眠药副作用很大，你可能会得皮疹，也可能会恶心呕吐。说说看，你为什么需要，如果有个好理由，或许我会考虑。"

青莲："我不想再经历死亡的过程了，你明白吗？"

Leo："抱歉，我不太明白，但如果只是做噩梦的话，我想你还是应该重视我说的副作用。"

青莲："呵，当你每天夜深人静的时候，都在睡梦中被人屠戮全家，最终被虐杀，你还会考虑那些狗屁副作用吗？那样的撕心裂肺和疼痛感，真实得惊悚。"

Leo："每天？在梦中你的家人每天都会被杀死一次？"

青莲："不是现实中的家人，在梦中我好像轮回了好几世，每一世我都会有家人和孩子，我都会眼睁睁地看着他们死去。"

Leo："能举一些例子吗？"

青莲："好吧。有一次我是一名农妇，生于兵荒马乱的战争年代，我们一家人辗转逃难，最终还是被日本兵抓到了。我眼睁睁看着他们活埋了我的父母，最后孩子也被开膛破肚，我喊得几乎声嘶力竭。后来他们还砍下了我的头颅……"

Leo："砍头？梦中有疼痛的感觉吗？"

青莲："说不清楚，就是脖子一下子凉了，感觉到有风进来，然后是火烧一般的灼热。我甚至看到了我没有头颅的身体，血液从脖子里喷涌而出，喷出两三米高。我还听到了周围人的大笑声，然后嘴巴里面就很苦，眼前一黑，我就醒了。

很痛苦对吧，我每天都是这样过来的。有一次我是一个大户人家的仆人，被主人冤枉偷了东西，结果被乱棍打死，我的孩子就在旁边眼睁睁看着又哭又闹，没有人来阻止，我被打了很久才死掉。我是一个寡妇，因为同村人陷害，被浸猪笼，河水冰凉刺骨，从我的耳、鼻、嘴甚至眼睛席卷而来，当我的肺腔里充满水时，我还在四处扑腾……

每一世，我都不得善终，但比这更痛苦的其实不是死亡的过程，而是醒过来之后那种感觉还是无比清晰，甚至至今我都记得有一世我和孩子被烧死时，孩子在我怀里挣扎时的神情。我已经很久没睡过觉了，我需要药物来让我深度睡眠，这个理由够好吗？"

说完，她目光空洞地望向别处，双手紧紧地抱着臂膀，直到手指泛白，她似乎在努力地压制着心底的痛苦与恐惧。这时她手上戴的一枚戒指，在阳光的照射下，光芒耀眼。那是蒂芙尼的 Atlas 系列钻戒，价格昂贵。

Leo："戒指很漂亮，戴着这么漂亮的戒指应该有个好心情。我们暂且把这些不愉快的经历当成一个噩梦好不好？所以我会给你开一些适量的安眠药，但你必须答应我配合我的治疗，并定期复诊。"

青莲："谢谢。这个戒指确实很漂亮，可惜我每次噩梦醒来，都能看到本来晶莹剔透的钻石下面隐隐泛着红光，过一会儿就消散了。很不可思议对吧？算了，有几个人会相信一个精神病人的话。"

Leo："这个世界上任何事情都是有可能的，对吗？不过我觉得，如果可以你最好先把它摘下来，我一会儿帮你交给你的家人保管。我希望和痛苦的记忆有关的一切东西，我们都先剥离开。"

青莲犹豫了一会儿，还是把戒指摘了下来，然后谨慎地交给了我。

整个过程结束之后，我把对话记录交给了 Leo，然后问他："你是不是打算给她开一堆药，让她睡个好觉？"

Leo 有些疲惫地对我说："她的病那些药用处并不大。你没注意到她的那些梦境，明明已经有孩子了，可却只字未提本该保护家人的丈夫，她似乎刻意地避开了丈夫的存在。还有她的那枚钻戒，足有一克拉，那是蒂芙尼的婚戒，可她并没结婚。还有她在害怕这枚戒指，却不愿意摘下，为什么？想明白了吗？"

我有些迷惑："没有，但我感觉是出悲剧。"

Leo："的确是出悲剧。我之前跟她的家人沟通过，这个女人爱上了一个有妇之夫，想尽一切办法逼正宫退位，直到她怀孕，更加迫不及待，可是男人还是左右摇摆，下不了决心，毕竟他和妻子是白手起家，还是有感情的。最终青莲忍无可忍，将妊娠证明快递到女人的单位。这个女人也是想不开，她约青莲来家里谈判，可是青莲到了之后，就看到女人从五楼跳了下来。而当时殷红的血溅起的并不多，其中就有一滴凝在了这枚戒指上。

因为楼层不算太高，女人掉下来时还没死，挣扎着对她说'你死一万次都抵消不了自己的罪孽'，一语成谶，才有了后续的梦境。因为惊吓过度，她流产了。男人因为内疚，并没有娶她，而是从她的世界消失了。而她也因为内疚，一遍遍地产生心理暗示，让自己经历死亡的过程，并且每次自己的孩子都会跟着死掉，男人也都不会出现。

很难接受吧，这个名字和人一样干净的女人居然做过这样的事，是爱情迷惑了人性，还是她人性中善良的成分本来就太少，谁也说不清。说到底，她坏得并不彻底，不然她的心理问题不会这么严重。"

一时间，我竟无话可说。心理医生果然不是一个好职业，它窥探了人们太多的秘密和阴暗面，多到难以消化。

后来，我再没问过青莲的事。作为爱情故事，它一点也不好看，那些所谓的情意绵绵里，充斥的全是罪恶昭彰。真正的爱情，应该是我喜欢你，我也愿意放弃你。余生很长，别太凉薄，这不仅是成全别人，更是成全自己。

很久之后，我还会想起那枚戒指，那枚熠熠生辉的钻戒，每个切面都能在光照下散发出极致的光芒。光芒的尽头，我真的看到了微弱的红色，不断涌出……

声色犬马，万物沦丧，无人救赎。

你离抑郁症还有多远？

我们读了大学，读了研究生，可是很多时候，面对抑郁症，我们还是会渴望神来拯救陷入困苦的灵魂，这是源于绝望。神，真的会来救赎吗？会的，这是源于对生命的信仰。

01

又是一个春天，每个万物生长的春天，对于我来说都是那么难熬。

有时候我会想替造物主杀死我自己，因为我没办法善待它给予的这条生命。我唯一能做的，就是大把地吃药，然后让自己活下去，哪怕我已精疲力尽。是的，光是活着，就已经用光了所有力气。

转眼间，已经吃了两年药，苦不堪言。

麦普替林，有镇静作用，同时可引起便秘、视力模糊、眩晕、皮疹、体重增加。

米安舍林，抗焦虑，对躯体僵化也有一定作用，但可引起白细胞减少和癫痫。

米氮平，改善睡眠，增加食欲，但长期吃会患上帕金森病，四肢麻木抖动。

…………

这就是我的生活，我无用，无聊，无趣。我后悔我每说过的一句话，我的压抑让每一个人感到窒息。我想，面对我这样的人，任谁都会落荒而逃吧。证据？似乎俯拾皆是，又好像从没存在过……

没有阳光的时候，我会在大街上游荡，我渴望那些疾驰而过的车把我碾碎，我经常幻想我支离破碎的样子。因为那样，我妈就会拿着我意外身故的 20 万元保险，好好过下半辈子。

走在街上，我的朋友也很难认出我。因为我的体重，波动范围就像过山车一样，这主要看我近期在吃哪种药，有无激素，就像我的人生一样，像个巨大的笑话。

02

有一天，我妈给我打电话。她告诉我，我爸要结婚了。

他们离婚五年了，我想也是时候了。还没等我说话，她就泣不成声，我知道她等了五年，我爸等了另外一个女人五年，而我在他们中间周旋了五年。

这就像是一出荒诞的戏剧，而我是这部剧最恶趣味的效果，很多时候，我都在想，这部剧究竟什么时候才能落幕呢？其实不该急的，看吧，已经倒计时了。

半个月之后，警察局给学校打电话找到我，让我回家。八个小时的车程，我以为会看到我妈泪眼蒙眬的样子，然而并没有。因为她的眼睛都快被老鼠啃光了，身体上爬满了蛆，真庆幸那是廉价出租屋，窗户门都关不严，才会被邻居闻到了气味。要不然等我这学期放假回家，至少要两个月，那时"她"还剩下多少呢？

从那以后，"抑郁症"这三个字再没离开过我。我妈可真狠，她用一根晾衣绳走的时候，顺便带走了我的灵魂。

毕业之后，我去一个小村子教书，大夫说与自然和孩子在一起，对我的病有好处，我差点信以为真。

不到半年，我就坚持不住了。教室里的阳光和孩子们的笑脸，像一面照妖镜一样，要把我焚烧殆尽。一切有生机的东西都让我无比难受，我想我已习惯了黑暗，早晚会融进黑暗……

那天，天气出奇的好，我站在太阳底下心慌得厉害，一阵阵和煦的风，似乎要把我的伪装掀开，将丑陋的内心公之于众。我不停地奔跑，跑到浑身瘫软，终于快到我的宿舍了。

在路过邻居门口的时候，我愣了一下，然后拿走了他家用来杀苍蝇的农药。回到我的小床上，我头脑一片空白，然后我将农药一饮而尽，瞬间五脏六腑都在疼痛，真好啊，就快解脱了。

真遗憾，我没死；很庆幸，我活过来了。

醒来之后，我才知道，如果不是稀释过的农药，如果不是万里无云的日子突然天降暴雨，隔壁农户匆匆回来，送我去医院；如果不是后来我胃部痉挛吐出了一部分，我的年纪将永远停留在 26 岁。

接我回城里的是我的男朋友，他看到我的时候异常平静，或许，他很快就会离开我了。

他没带我回家，而是去了火葬场，对我说："你好好看看，这些人死了是痛快，可爱他们的人怎么活？你是经历过这些的人，难道你要让我和你爸爸再经历一次同样的痛苦？你信不信你妈要是看到你现在的样子，她就算在炉子里烧成灰也要爬出来！"

我号啕，哭声里有对父亲的鄙夷，有对母亲的怨念，也有对生活的失望。

如果这是一个励志故事的话，写到这我应该清醒了，然后回归正常的生活，摆脱了病魔与梦魇。可惜这不是，这是真正的生活，我还在抗抑郁的道路上举步维艰。但是我不再想死了，因为我还有牵挂，所以哪怕我走得踉跄，也不想停下来。毕竟，路的那一边，还有人在等我。

百度百科上说：事件如果足够大，记忆就会被迫保存。而重大的事件在记忆中的持续存在会引起强烈而又持久的负面情感体验，最终导致抑郁症的产生。

03

在上海已经三年了，这个偌大的城市，时常让我感觉到孤独。

十里洋场，我的轨迹却仅限于床、地铁、狭小的办公桌。我没有时间交朋友，也没有钱做任何有趣的事。

每到深夜，我都会把自己抽离出来，想想这个懦弱的女孩未来的路在哪里？然后心疼地抱抱这个瑟瑟发抖的姑娘。

大街上，地铁里，公司里，那么那么多的人，都戴着同样的冰冷麻木的面具，有人会时不时地欺负一下她，好让面具下的那张脸感受到一些情绪的刺激，以此来证明他们还活着。

我独自一人离开父母，靠借来的钱来到这座大城市。在这座时尚之都，我不敢买新衣服，不敢买化妆品，不敢吃好的，甚至不敢生病，在最美好的年纪，我把自己活成了最苦的样子。不过好在，我以前是个负债的穷人，现在是个纯粹的穷人了。

尽管我一直小心翼翼地活着，可还是生病了。我开始失眠，心慌，幻听，大把地掉头发。当医生告诉我"抑郁症"这个名词时，我的第一反应是问他需要多少钱。一个人穷怕了，就会是这个样子。

现在，我想回家了，离开得太久了，想念家乡的山山水水、茅屋炊烟了。可是，看着手腕处狰狞的疤痕，我犹豫了，还回得去吗？

算了，不想说了，这个世界好冰冷，好无趣。

三个抑郁症患者，一种人生，谁来救赎？

抑郁症是一种病，不是一种悲观失落的心情，不是矫情，不是故作姿态，是管理情绪的机能坏掉了，是大脑中无法分泌出有活力的因子。所以，请尊重每一位抑郁症患者，哪怕他们看上去怪异且麻木，也请不要忽视每个抑郁前兆的细微表现。

看过了太多的人和事，也走过了太多晦涩的路。我们本应有一颗更博大的心。如果你身边也有抑郁症患者，请你为这个孤独的灵魂发声。如果很不幸你就是一位抑郁症患者，希望你能早日从黑暗中挣脱出来，我知道，一个被毁掉的人一点点把自己缝补起来的时候有多痛苦，但是，这是你唯一的机会。

我们读了大学，读了研究生，可是很多时候，面对抑郁症，我们还是会渴望神来拯救陷入困苦的灵魂，这是源于绝望。神，真的会来救赎吗？会的，这是源于对生命的信仰。

亲爱的，不管现在你面对怎样的境遇，请别放弃。

关于痛苦，
你才是主治医生

"两片嘴唇似被冰封，钳成贝壳，其中潜藏着无声的咆哮。"

在见到江翔之前，我已经面对过很多精神分裂患者了，他们大多数眼神空洞，木讷，我本以为可以轻松应对，但是我错了。江翔的思维与逻辑性比大多数人都要缜密得多，甚至眼底透着智慧与灵性。

主治医生 Leo 告诉我，他的故事很长，让我带上录音笔，并尽量不要说话打扰诊治工作。于是，全程我都只是拿着录音笔，安静地倾听着患者的以下叙述：

2003 年的北京，瘟疫扑天盖地地到来。那时，我还是一个面馆的伙计，因为恐慌，已经没人敢在外面吃饭了，我只能百无聊赖地坐在面馆门口望天。

一天，突然一个穿着白大褂的姑娘搀扶着一位穿病号服的男人往这边跑，后面还有好几个男人在后面追。就在我犹豫着要不要开门的时候，姑娘已经冲到了门口，哭着求我开门，我愣了一下，随即开了门，把他们带到大堂坐着，又赶紧拉下铁闸门，免得后面的人追进来。

再一回头，我感觉不好，这个病人看着在发烧，像是已经被传染了。姑娘看出了我在害怕，连忙对我说："你别怕，我是医生，他并没有感染，只是普通的发热，可是医院里的其他家属不放心，非要把他关起来，被关起来隔离的人都是已经被感染的，我实在是不忍心，就把他带了出来。"

"你心真好。"我有些腼腆地说。

这个姑娘有二十七八了吧，长长的头发披散在后面，挺漂亮，说起话来轻声细语的，很温柔的样子。

就在这时，面馆的老板四叔出现了，他看着姑娘的样子，露出前所未有的狠厉，那是我不曾见过的。还不等我解释，他就说道："你想干什么？"

姑娘："我只想救人。"

四叔："你？救人？"

姑娘："不管怎么样，给我个机会，我是医生。"

四叔犹豫了好一会儿，说道："念你还有点善心，我今天就放了你，没有第二次。"

我赶紧打圆场："放心四叔，他没感染，只是普通发烧，人家医生也是为了救人。"

四叔："你知道个屁！"骂完我，随即就不再理会我们，回后厨了。

姑娘定了定心神，从口袋里掏出了两盒药，一盒是退烧的，一盒是消炎的，交代了我怎么给病人吃之后，就准备离开。我连忙拉住她说："外面的人不知道走没走，而且现在疫情这么严重，你还准备回医院吗？"

姑娘不以为意地微笑着说："谢谢你，你是个好人。正因为疫情严重我才要回医院，别忘了，我是个医生。对了，我姓谢，我叫谢欢，有需要就来市医院找我。"说完就走了。

我莫名的有些难过，这一走，也不知道她还能不能活着回来了。

这时，我才想起坐在旁边的病人。他很奇怪，一句话都没说，连起码的道谢都没有，40多岁，面容沧桑，头发凌乱，麻木地看着攥在手里的手机。

我问他要不要吃东西，他也不理会，我索性不再管他。到了晚上，我过来督促他吃药，顺便给他端来了一碗面。只听他喃喃地说：她没来电话，她没来电话……然后大颗大颗的眼泪就落了下来。

我连忙过来安慰他，后来得知他的妻子被传染了疫病，在隔离之前他们约定过，每天通一次电话，确保对方安全，可是她已经两天没接过电话了。

我告诉他别担心，说不定手机没电了呢！

他仍旧慌乱不安，说不会的，她一定是出事了，你不知道，已经死了太多人了。我们整个小区里，都是一户一户的死，现在楼都快空了。

我有些震惊，因为储备的物资足够多，所以从疫情开始我基本就没出过面馆，根本没想到已经这么严重了。

就在我胡思乱想的时候，他突然站起来冲出了大门，往隔离区跑，我不知道为什么，也跟着他追了出去。

看着满目萧条的街道，我恍如隔世，来不及多想，只想拦下他。直到最后，我们一起冲进了隔离区。他发疯似地上楼找人，我定在原地，一切都太震撼了，这里充满了死寂。

在这个绝望的晚上，月亮被云层彻底吞没，天空中仅有的光明荡然无存。

有人依偎在院子里的树下失声痛哭，有人摇晃着楼上的窗户大声呼喊，再往前走是废旧的棋牌室，大部分人都在这里输液，他们已经没什么希望了，可仍旧对活着怀有一丝期待。

一个30多岁的女人怀里抱着一个小女孩，小女孩烧得面红耳赤，嘴唇都脱皮了，却害怕打针一直哭闹，女人温柔地对孩子说："听话，打完针烧就退了。"

我抬头一看，吊瓶上分明写着葡萄糖。

再往前走，是一个中年男人，他躺在地上，脸烧得红红的，呼哧呼哧地喘着气，嘴里念叨着："我还不能死，我儿子还在外面呢……"然后捡起别人用过的针头就往自己手上扎，扎得血珠一点点往外冒。

心底的难过一点点放大，一点点莫名地变成了愤怒。突然间我觉得我应该为这场瘟疫做点什么，哪怕微不足道，哪怕我会死。

我拼了命地往市医院跑，我要去找谢欢，我要去帮她，虽然我不知道我能做什么。

到了市医院，场面十分壮观。从病房到走廊，满满的都是人，有吵闹声、哭喊声、呻吟声，护士已经忙得不可开交。

气质多了。那时的 Jillian 真是傻啊，就这样常年穿着单位的几件衣服。夏天的裙子、冬天的羽绒服都是婚前买的，偶尔去几次商场，也都是婆婆提示老公又缺少什么了。后来怀孕了，Jillian 准备做辣妈的初心又因为老公觉得孕妇装就穿几个月，实在没必要买而放弃了。以至于后来到冬天，挺着八个月肚子的 Jillian 连件像样的毛衣都找不到。

直到一次，Jillian 因为一条 600 块的裙子辗转难眠了很久，最终还是放弃了。而当天晚上，老公一场麻将输了两千多，可他和婆婆居然都不以为意。她说从那一刻起，她突然觉得挺没意思的，不知道自己在这场婚姻中图什么。

是的，Jillian 因为一条 600 块的裙子离婚了。看似可笑，可这条裙子的背后暗示的是未来的无数条裙子，以及毫无品质、热情的生活和婚姻。

粗糙劣质的地摊货套在身上一整年，或许都省不出来一平方米的房子，但却掠夺走了你一年的自信、底气和好心情，有必要吗？钱，从来就不是省出来的啊。

思维的局限与怪圈束缚了我们太多本该有的快乐，你只有看透彻了才能从低质量的生活中解脱出来。

后来 Jillian 告诉我，那些从前舍不得买的衣服，现在都在衣柜里了。她觉得现在的生活很好，每天打扮得精致得体，有很多优秀的男人在追求她，同时因为对生活品质有要求，工作起来也特别有热情。我觉得她整个人，又鲜活起来了。

我刚工作的那几年，因为手里没什么钱，同时也觉得没必要买那么贵的衣服，反正也没人能看出来一件衣服是 100 元还是 1000 元，因此一直沉迷于买朋友口中的破烂。

直到一次别人给我介绍了一个报酬颇丰的广告案子，和甲方见面那天，我记得那天我穿了一件粉色的、袖子和侧腰微微起球的化纤混纺毛衣。而同时和我竞争这个案子的人，让我印象非常深刻，他穿了件 Thom browne 的藏蓝羊毛开衫，在灯光下衣服表层 1 毫米左右的轮廓都围绕着干净均匀的绒毛。最重要的是一粒线球都没有，里面隐约露出妥帖平整的衬衫，整个一个成功人士的形象。

我像第一次走进美特斯·邦威的楚雨荨一样，愣住了，那一刻我觉得我已经输了。我紧张地卷起了袖子下面起球的部分，偷瞄了一下我的对手，突然有一种家贫如洗的穷秀才见到锦衣华服的高官之感。之后，在我讲解 PPT 创意的时候，全程声音都是颤抖的，

望着满座衣冠楚楚的甲方，仿佛抽光了我所有的底气，就这样，一个胜算满满的案子，我却败了。

人靠衣装从来就不是一句空话，试想一下一个人穿得破衣褴褛，你会觉得他多有能力多有本事吗？有能力的人会混

得这么惨吗？所以说，得体的衣服，不仅是善待自己，也是成就自己。

当微整形越来越烂大街，当各种韩妆越来越火，你有没有意识到外在的重要性？当然，灵魂跑在肉体前面也是一件好事，但是你也得拉肉体一把啊。要知道肉体配不上灵魂，在现在这个社会上，会让你错失无数的机会。

所以，在最好的年纪，给自己穿上最好的衣服，要知道那不仅仅一件华丽的罗衫，更是你抵御生活刁难的战袍。

关于生活的妆容，
你是最好的化妆师

在我们打扮得美美的时候，我们就会觉得这一天都是美好的，连抱怨与发脾气都是对自己光鲜外表的一种亵渎。

民风彪悍的德州，到处都是坐在酒吧里畅饮闲聊，肩宽臀肥、妆容简单的美国大妞。原始朴素的印尼，到处都是素面朝天，黝黑瘦小，独自照顾孩子和摊贩的妇女。生活节奏超快的北京 CBD，到处都是妆容得体，浑身名牌，快步疾走的高管姑娘。而法国，到处都是精致浪漫，衣着时尚，优雅慵懒的女郎，哪怕她们在买菜，在洗碗，在追剧。

人，是真的可以浸染一座城市的气息的。所以，当你看到一个化着精美的妆，身着婉约风情长裙的女人，出现在东北的某一个早市，就会感觉那么不同，那么好看。

其实，我们羡慕的并不是法国女人的风情漂亮，而是她们的生活方式。那样的生活方式，总能让女人变得明艳动人，温柔随性。

她们穿得体的睡衣，边听音乐边做家务，她们用香水、敷面膜，化精致的妆容，她们种花种草，为家人做手工饼干。你永远不会看到，她们像你一样穿着宽大且沾染食物痕迹的 T 恤，蓬头垢面地瘫倒在沙发上追剧。

一个女人，对生活的任何一面都不能懒，工作、打扫、煮饭、育儿、聚会，一刻都不可以。然而，有太多年轻妈妈对这点不屑一顾，"不修边幅"成了对她们最好的诠释。

女儿的幼儿园每天四点半放学，我每天都会和家长们在一楼大厅等待。她们班级有 31 个小朋友，一楼的家长至少有 40 位，基本上都是妈妈。可这么多家长中却很难看到有打扮得体的，多数都是穿着拖鞋甚至睡衣就出来了。

有一位妈妈刚生完二胎没多久，还在哺乳期，不穿内衣就来了。孩子放学出来时，看到这位穿着宽松发黄的运动衣，油光满面的妈妈，眼神中透着的躲闪和嫌弃无疑惊倒我了，我赶紧拉低了帽檐，遮一遮油腻的头发和浓重的黑眼圈。是的，我也没好到哪里去。

这次之后，我开始有意识地搭配衣服，注重仪表了，但有时也会因为懒而放弃。直到一次，我看到一位小朋友的奶奶，我才真正告别颓废与素颜。我清晰地记着，这位老人花白的头发打理得格外细致，金丝边的眼镜显得十分有气质；淡淡一层粉底，既显得气色尚好，又十分自然；浅灰色的眉毛，勾勒得十分到位；淡红色的唇膏，使整个人容光焕发。

那一刻，我终于明白得体的衣着与妆容是不分场合、不分年纪的，只要活着就要严谨且认真，这也是对生命的敬重。从那以后我开始研究各种美妆教程和服装搭配，学着给自己化最简单的妆容，同时我终于知道了睡眠面膜和贴片面膜的区别。

虽然这些并没有让我变得多好看，但是至少会让人感觉到舒服、清爽、体面。后来慢慢调整生活方式与态度，越来越意识到化妆与衣品对女人的重要性了。那是一种底气，一种对周遭的尊重，一种在职场上厮杀的技能，一种关于生存的对抗。

在工作中，我们经常会情绪失控，低落，不自信，其实只要细心回想，那基本都是没精心化妆、打扮的日子。而在我们打扮得美美的时候，你会觉得这一天都是美好的，连抱怨与发脾气都是对自己光鲜外表的一种亵渎。

《破产姐妹》里，爆穷的 Max，却有着无可撼动的乐观和意志，住在破乱不堪的房子里，在充满油渍的餐馆打工，不敢买新衣服，生了病不敢看医生……可即便在那样的环境里，却依然保持着好看的样子：口红用完了没钱买新的，就用发卡挑出来接着涂在嘴唇上；高跟鞋断掉了，就用胶带粘起来继续穿；没有钱去理发店打理头发，就学着自己用胶水抓……

Max 用精致的妆容，将所有苦难化作对生活的调侃，将所有恐惧化为对生活的反抗。

女人啊，越艰难的时候，就越要让自己体面，让自己光鲜亮丽，因为这才是你无坚不摧的资本。职场上被上司虐哭那还不是常有的事，但要记得转过身去洗手间，补上粉底，涂好睫毛，擦上口红，整理好衣裙上的褶皱。要知道你脸上的妆、身上的袍，都是你的门面，它不仅给了你自信，也给了敌人不敢轻易招惹你的威慑力，同时，更彰显了你面对打击时的自信与豁达。

女人的外表，就是女人生活的样子，二者都是越打扮越好看的。一个好好打扮的女人，周身一定洋溢着不可亵渎的气场。

远离宽松肥大的衣服

你要记住即使是一件家居睡裙，也要穿出包裹的弧度，即使那个弧度并不好看，但是它会提醒你克己，自制，少吃，多动。

我曾经制订过一堆计划，包括健身，读书，写作。可是当我把孩子送到幼儿园后回到家，换上宽松舒服的家居服之后，我只想伸个懒腰，瘫在沙发上，看会电视，玩会手机，顺便再吃包薯片。跑步机上累积的灰尘控诉着我有多懒惰，一拖再拖的出版计划，验证了我的拖延症早已病入膏肓。近乎完美的读书规划，也几乎成了一张打脸的愿望清单。是的，一切都从换上宽松肥大的家居服开始。

后来，我终于想明白，我们必须穿成我们想成为的样子，不管工作还是生活，才能真正进入状态。

所以，之后我回到家，都会先换上修身的衬衫和裤子，因为衣服的束缚感强，你心底会有一种约束感，不能轻易躺在沙发上，因为那样很违和，也会把衬衫压出褶皱，然后理所当然地去码字。如果有跑步健身计划的话，我还会提早穿上紧身贴肤的 T 恤和运动裤，然后那些凸起的赘肉就会乍现，逼得我恨不能立刻打开瑜伽垫，冲上跑步机，根本不敢懈怠。

衣服，真的是一种暗示，这种暗示时间久了，你就会活在这种暗示的状态里。紧身的衣服，因为包裹感好，会让人时刻精力集中。相反，宽松肥大的衣服，则更容易让人懈怠，因为你的肌肉处于放松的状态，精神和意志也容易松懈、消沉。为什么职场上要求穿严肃刻板、线条硬朗的职业装，就是要提醒人们：工作时间，要时刻打起精神。

服贴精致的衣服和宽松的衣服之间，只相差了一个自律的你。如果你常年喜欢套上宽松肥大的衣服，那么很遗憾，你已经淡化了对美的追求。那些肥大的衣袖和腰身，遮住的是懒散的灵魂与松弛的肌肤，以及肆意生长的赘肉。呈现的又是什么？呈现的是一种自我放弃的生活状态。

当然，我不是说任何人都不适合穿宽松的衣服，毕竟这两年 oversize（特大型）的时尚风刮得尤其厉害。

关于 oversize 有很多种不同的叫法："廓型""男友风"，都是想要表达出 oversize 在宽松的外表下显瘦显娇小的魅力，然而，你够瘦够娇小吗？

所以，只有真正优雅自律的女人，才可以驾驭 oversize。那样的女人精明干练，绝不允许赘肉横生，绝不放任自己自由散漫。她们在宽大舒服的衣服里也能保持优美的仪态，不驼背，不含胸，同时又高度自律，不会因为肉体的舒适而让精神也松懈下来。她们十年如一日，在自我约束中接受美的回馈。所以，只有这样的女人，才有资格在空荡荡的衣服里，享受自由舒服的礼遇。

你能做到吗？如果做不到，那么从今天起，就别再考虑宽松肥大的均码衣服。自由给了不能够自制的人，滋生的结果往往不尽如人意。毕竟大部分人无法在宽松的均码T恤中保持良好的仪态与体形，你，属于大部分人吧。

所以，你要记住即使是一件家居睡裙，也要穿出包裹的弧度，即使那个弧度并不好看，但是它会提醒你克己，自制，少吃，多动。穿衣的意义，不仅是因为生理需要，更是为了让自己趋向呈现完美。

女人，尽情爱口红、高跟鞋、丝巾以及紧身衣吧，因为它们绝不允许你蓬头垢面，身材臃肿，意志消沉。不管你今年多大了，都要活得有章法，穿得有风格。

亲爱的，曲线毕露，妍媸尽显的穿衣模式，从来不会过时，高度自律与自我约束的生活方式更是时代对现代女性的要求。所以，从宽松肥大的衣袖和慵懒消沉的意志中跳出来吧，你本应更完美。

当你瘦下来，
生活会容易很多

你还不算老，还有很多事情要做。臃肿的身材，松弛的皮肤只会让你早衰，失去活力与魅力。不管你今年多大，你都不该这么做。

你不敢撸串，不敢涮火锅，不敢吃自助餐，路过甜品店都会让你发狂。无数个夜晚饿得体无完肤，无法入眠。第二天一大早，你就兴奋地起床吃饭，面对眼前的一碗杂粮粥，一个水煮蛋，你无比庄重，小心翼翼地一点点送入口腹，仿佛品尝的是凤髓龙肝。

整个过程，你对食物无比虔诚，犹如一名传教士。

午休时，同事们对着红烧肉、宫保鸡丁大快朵颐，可你眼前只有一点水煮菜和半个玉米，你馋得快流眼泪了，可依旧不敢越雷池一步。

一周后，你瘦了两斤。遂奖励自己吃了顿呷哺，然后胖了三斤。

看着一个办公室里的小姑娘，每天可乐薯片不断，依旧有着好看的腰身和纤细的小腿，你心中已经泪流成河，30 多岁的新陈代谢和 20 多岁真的不能比……唉。

我知道 30 多岁的女人要保持身材真的很难，但难就要放弃吗？放弃了日子就更难了。

失败的中年女人大多是什么样子？肥胖，油腻，头发渐少，胸部下垂，边做着家务边进行无止境的唠叨，内容从孩子不听话到先生邋遢不会赚钱。她们蓬头垢面，絮絮叨叨，整天担心先生出轨，抱怨自己为家庭付出得太多得到的太少。是的，她们很烦人，完全没了 20 岁时清爽的样子。

她们的先生出去聚会时不愿意带上她们，觉得很没面子。她们去接孩子放学时被要求站在离校门口的位置远一点的地方等着，觉得她们没有其他同学的妈妈漂亮。她们在单位每到拍集体照时总被要求站到后面，美其名曰让年轻人站出来彰显团队力量，可是那些所谓的"年轻人"明明比自己还要大一点点，只不过是保养得好，是啊，保养得好！

凹凸有致的身材和水嫩有弹性的皮肤，不仅是 20 岁出头的年轻女孩追求的，更是所有年龄段女性都向往的，然而，很多女人仅仅把它当成了向往。那些办了却没怎么用过的健身卡，那些被闲置落满灰尘的健身器材，那些藏在柜子里的零食和泡面，都证明了她们是思想上的王者，行动上的青铜。

人的身材和样貌是受意识管理的，外形的发展如同习性的发展，你管理得好一些，约束得严格一些，身材便也紧致和有魅力一些，随之也端庄和挺拔一些。所以，你要做的就是对自己狠一些，自律一些。

　　自律的人生贴着标签：优雅，得体，曲线美。同样妥协的人生也贴着标签：臃肿，精神萎靡，皮肤松弛。

　　我们每个人都更愿意接近美好的人或事物，你的丈夫也如此。所以，别在混沌黑暗中沉寂太久，当你在黑暗中隐藏着你油腻的身躯时，连你的影子都会离开你。

　　《理性动物》中有这样一段话：

　　男性和女性在决定投入一段婚姻关系时，其实是进行了资源的置换。男性更看重女性的外貌，因为年轻的外表和迷人的身材往往意味着较强的生殖能力；而女性更看重男性的地位和财富，因为这些指标意味着男性是否能给自己以及后代提供更好的资源。

　　当这场置换愈发的不公平时，你猜男人会不会毁约？

　　所以，别因为你已在职，就以为有了身材走样、皮肤松弛的理由，你的身材反映的是你的品位和自控力，能控制住体重，就能控制住自己的生活。永远不要相信"即使你胖了、满脸皱纹了，爱你的人还会爱你"。要知道这个时代无时无刻不在拼慎独和克制，稍有差池，你的生活就有可能鸡飞狗跳。

当然，保持身材、护理护肤、健康生活这些并不是为了让你取悦别人，而是为了照亮你自己。当你瘦下来，你的人生也就会容易多了，起码在婚姻事业与孩子面前，你都多了一份自信、一份光彩。

所以，不管你是正在烧烤摊上推杯换盏，还是瘫在沙发上往嘴里塞着蛋糕、瓜子、薯片，抑或睁着一双浑浊毫无神采的眼睛刷朋友圈，你都该停下来了，你还不算老，还有很多事情要做。臃肿的身材、松弛的皮肤只会让你早衰，失去活力与魅力。不管你今年多大，你都不该这么做。

没有本事总要有脸蛋，没有脸蛋总要有身材，生活那么刁钻，你总要有一件能拿得出手的东西。

6

婚姻最好的状态，就是经营好自己

可不可以做全职妈妈？

财务自由就是话语权，当你有足够的话语权和安全感后，才有资格考虑要不要做全职妈妈。因为全职妈妈做久了，就是靠先生的良心过活。而你，最好不要长久考验人性。

我的一个同学 Belle，毕业后嫁到北京，孩子三岁时送到幼儿园，幼儿园生活本是轻松快乐的，然而她却并没感受到太多欢脱的气氛，反而学习氛围较为浓厚，我十分诧异。

这个幼儿园小朋友的父母基本上是学霸，硕士已经普及了，博士也不在少数。然而，就是在这种情况下，却有一半的母亲是全职主妇。她们对于事情有着很强的规划力和执行力。给孩子制订了密不透风的学习计划，美术、钢琴、英语、高尔夫球，甚至帆船，都力求扎实掌握。一切都按精英的标准来，阶层下滑是她们最害怕的事。

一次，Belle 提早去接孩子放学，在监控中看到班级里正在放全英文版的小猪佩琦，而小朋友们居然都能看懂，只有自己的儿子呆若木鸡，她真的感受到了压力。回去没多久，她就辞掉了工作，全身心地投入育儿中去。

持续了半年之后，效果不尽如人意，家庭氛围同样不尽如人意。从前两个人赚钱养一个人，现在一个人赚钱养两个人，还要面对昂贵的教育成本，几乎让男人喘不过气来。没过多久，两个人就因为钱与家务问题产生了隔阂。

全职主妇，真的一点都不轻松，家务永远做不完，功课永远辅导不完。想想原本优越的工作，原本美好的前途，如今只能把自己封闭在这个小小的圈子里，如井底之蛙般地从窗口望着外面的天空，何等失落。日复一日，年复一年，孩子未见得有多优秀，但夫妻二人经济上的悬殊，思想上的差异，不仅造成了家庭地位上的不平等，同时也在沟通上构筑了屏障。

其实大部分女人在年轻的时候都曾雄心勃勃，斗志昂扬，但是随着年龄的增长，家庭格局的变化，尤其是生了二胎的家庭，女人的角色会更倾向于母亲，而非妻子，更非与丈夫共同应对风浪的战友。而这种角色的倾斜并不是一件好事。

我在北京时合租房子的伙伴是一个工作能力特别强的女生，可惜她后来回到老家——一个三线城市，考上公务员后没多久就结婚了。老公是一个商人，家境十分殷实，经常调侃她拿的钱不多，单位的事却不少，不如回家安心照顾孩子。

她对我说每天忙完工作忙家里，可是不管多累，不管工资有多低，她都不敢辞掉工作。因为这份工作，她可以自己养活自己，给娘家拿钱也不手软，虽然家里的财富基本都是老公赚的，但是说起来毕竟自己也为家庭收入贡献过，花钱还是十分有底气的。

　　此外，老人生病找医生，孩子上学找关系，包括夫家亲戚的一些小问题，她都能通过自己的社会关系解决。日子久了，整个家族都觉得她是不可或缺的一个存在，十分尊重她。偶尔她和老公闹矛盾，所有人都会过来维护她。如果没有这份工作，没有这份社会存在感，她面对财雄势大的夫家时，未必会过得这样舒心。

　　所以说，为了经营好自己的人生，女人除了要扮演好贤妻良母的角色，还必须在社会上有一定的地位。毕竟现在男人对于女人的外表与能力，同样重视。一个女人只有认识到自己在家庭和社会中的价值并积极去实现自己的这份价值，才能使家庭美满，同时实现自己的人生价值。狭义上讲，这种社会地位的体现，主要是经济独立的体现。

　　现在，再回过头来说教育问题。教育这件事情向来就没有绝对正确、放之四海而皆准的真理与标准，实践中孩子的个体差异太大了，适合的才是最好的。所以关于兴趣班，实在没有必要学得那么全面，或者说刚开始可以全面学，为的是发现孩子的兴趣所在，一旦发现了，靶向学习就可以了。

我曾经和 Belle 一起去过那个精英幼儿园，当时她的儿子正在上园内自费的小提琴课程，我透过玻璃窗看到他疲惫的小脑袋，没有半点兴致，后面还有两个小女孩几乎都快睡着了。这样做真的有必要吗，或者说关于让孩子更快乐一些还是更优秀一些，哪个更重要？这又是一个新的问题。

　　中国处于一个特殊的发展阶段，处于一个对教育高度重视的阶段。我们为了孩子能保持阶层地位，需要牺牲，但牺牲多少？牺牲的这些又能否在孩子身上体现出价值？如何平衡教育、家庭与社会角色之间的关系，一切都要从自身切实的条件出发。

　　所以，我不是说坚决不能做全职妈妈，因为这对二胎妈妈来说，真的很困难。但是有一个大前提，也是一定需要具备的，那就是你要有经济实力，最好是固定资产，或者你娘家有钱，事实证明原始积累丰富，真的可以为你省去很多麻烦，起码先生和婆婆不会因为你的零收入而怠慢你。

　　财务自由就是话语权，当你有足够的话语权和安全感后，才有资格考虑要不要做全职妈妈。因为全职妈妈做久了，就是靠先生的良心过活。而你，最好不要长久考验人性。

离婚后，
人生会变得怎么样？

人生得允许自己犯错，不能守着这个错误过一辈子。

01

转眼间，我已经离婚一年了。离婚的原因是他多次出轨且酗酒。

狰狞的婚姻，早已让我疲惫不堪，一对朝夕相处的恋人最后撕破脸的样子真是太可怕了，句句戳心，刀刀见血。有一天吵架的时候，我突然看到镜子里自己面红耳赤的模样，粗鄙且丑陋。于是，算了。

仔细想来，离婚后的一年，我过得还挺舒服。我再也不用因为他晚归而疑神疑鬼，坐立不安，像个疯婆子似的一遍遍打电话给他身边的朋友。同时还少了好多家务，不用给他洗衣服、熨衣服，做饭时不必考虑他喜欢的菜色口味，不用再收拾他酒后的呕吐物，甚至早上起来不用和他抢厕所。

最为开心的是，不用因为难缠的婆婆而煞费苦心。婆婆极为强势霸道，十分难相处，这些年我因为她没少受委屈。离婚后一想到我们可以老死不相往来，我简直要笑出声来了。据说前夫又找了个90后，真不错啊，说不定她们婆媳可以擦出闪亮的火花呢！

同时，我也有了更多精力放在工作上。毕竟未来的路要靠自己，而且我也想给女儿树立一个好榜样，给她更优渥的生活。于是，闲暇之余我进修了几个课程，下半年还做了一个大项目，工作热情前所未有的高涨。年底时，顺理成章地升了职。

没有了感情的牵绊，突然觉得自己更有魅力了，毕竟再也不用在撕扯中浪费光阴了，有大把的时间可以保养自己，提升自己，陪伴孩子。

再说说孩子，我本以为离婚会对她心灵上造成创伤。然而并没有，那个总是在我们吵架时躲在墙角里瑟瑟发抖的小女孩，似乎开朗了，更爱笑了，更有安全感了。我们时常像朋友一样聊天，我也建议她如果想爸爸可以过去过周末，但是她都拒绝了，看来前夫作为父亲真是太失败了。

未来的路，还很长。一个不好的婚姻犹如身上的腐肉，如果不狠心刮掉，那就会一直烂下去，直至露出森白的骨头。于是，我选择剜掉腐肉，重获新生。

02

4岁那年，我妈躲躲闪闪地带回家一个叔叔，给了我一块糖让我叫爸爸，我欣然接受。几天后我去姑姑家玩，从口袋里翻出了好看的糖纸，说我有两个爸爸。然后，就破了案了。

我爸当时要拉着我去验DNA，听到费用后，作罢。

他们仅用了一个工作日就谈妥了一切，办理了离婚手续。因为我爸重男轻女，一直想要儿子传宗接代，本想借这次机会把我甩掉，奈何我妈甘愿放弃1/3的财产（其实也没多少）也不打算把我带走，我便跟了我爸，我爸随后又以最快的速度，把我移交给爷爷奶奶。

3年后，我同父异母的弟弟出生了，如珠如宝。真好啊，我爸终于有血脉继承人了，想起那个三十几平方米、一贫如洗的家，我诡异地一笑。

这些年，爷爷奶奶对我还不错，但我却还是敏感、自卑、小心翼翼地活着，生怕给别人惹来麻烦。可我忘了，我本身就是个麻烦啊！

有一次，我不小心把姑姑家的孩子绊倒了，被她指着鼻子骂："你回你自己家去，这里是我家！"那一刻，所有的情绪都爆发出来了，我哭着跑出去，想去找爸爸，可却发现我连他住哪都不知道。

那是一个周末，天气出奇的好。我蹲在一个陌生小区的门口，看着别人的父母领着孩子，在我面前有说有笑地经过，我前所未有地绝望。

天渐渐黑了，爷爷步履蹒跚地找到我，把我带回了家。晚上，我爸打来了电话，距离他上一次打给我已经半年了。

"小畜生！能待就待，不能待就滚，别到处给人添麻烦！"说完就挂了，整个过程，我没说过一个字。

上了高中，我学习有点跟不上了，爷爷和我爸妈商量想给我补课，也要做好上三本的准备。难得这么多年来，我爸妈的口径居然头一次出奇的一致：顺其自然吧。能读就读，不能读就算了，找个工打打。

那一刻，我心里最后的念想都断了。

后来，爷爷奶奶翻出了棺材本打算让我上三本，姑姑带着孩子闻风而来，与我做了一次成年人之间的对话，大意就是：两位老人的钱，有我的一半，而你已经触及我的利益了。

于是，理所当然的，我念了个大专，不过毕业后工作还算不错。后来，我也有了一些积蓄。2018 年春节的时候，我给我爸转了 3 万块钱，然后告诉他，咱不欠他了。

老一代人总说人有来世，如果有，下次就不来了，人间不值得。

以上是两个离异家庭中女人和孩子最真实的感受，感谢两位当事人对我的不设防。

面对婚姻的失败，离与不离是最难抉择的问题。我能说出的最中肯的建议就是，人生得允许自己犯错，不能守着这个错误过一辈子。你舍不得你十年的婚姻，那就只能为这十年，再搭进去下一个十年，甚至是一生。

所以，你要及时止损。但这有个大前提，就是照顾好你的孩子，从生理到心理。不然他（她）的童年有多痛苦，你的老年就有多后悔。

最好的婚姻，不仅要有爱情，还要有肝胆相照的义气，不离不弃的默契，以及没世不忘的恩情。如果你的婚姻什么都不剩了，那就带着孩子，以你的力量给他（她）创造出未来的光辉岁月。

阅读，
对于女人有多重要？

女人学会了阅读，世界才冒出了妇女问题。

大学毕业那会儿，我们每个人都在新晋的岗位上奋力挣扎，艰辛算不上，但不容易是真的。一次，我去一个同学的实习单位找她，正巧她因为午休时看书被部门主管刁难。部门主管是一个四十多岁的女人，一脸凶相，大声嚷嚷："你们这届毕业生干点活太费劲了，上午的工作都没干完，还能在这看闲书，你看这些书有什么用，能帮你转正吗？能给你涨工资吗？你是不是上学学傻了！"

　　为了不给我同学惹麻烦，我没怼这个主管，我只是很认真地告诉她："读书是为了学做人，懂道理，你要是读过这么多书，绝不会说出刚才那些话。"

　　同样一套房子，花5万和50万装修，结果是不一样的。而你的头脑就是座房子，读书就是装修的过程。所以你是粗鄙无聊还是精致有趣，都是你自己打造的结果。

　　很多人觉得，读书是为了改变人的气质。其实读一个月的书，真不如学一个月的芭蕾能更快地提升气质。所以，读书最直观的改变，应是让灵魂更有趣、更强大。一个灵魂有趣且强大的女人，人生定然快活得多。

　　这样的女人，把脸埋在书后。书一放下，个人魅力就会四射出来，举手投足，尽是风采。她们懂古诗词里的优雅婉约，懂社会变迁的凶险旋律，懂建筑美学的视角观念，懂市场经济的未来走势，甚至懂墨尔本的咖啡和巴厘岛的祭祀。她们的视野越来越广阔，越来越少的问题能让她们恐惧和忧心。

世界太大，靠脚是走不了多远的，只能靠思想去驰骋。于是，她们终于走出了一个丰富、有趣的灵魂。这样的灵魂无处不是吸引人的，因为她们的丰富，仿佛给人们展现了一个世界。

我的一位大学同学，在谈到他的新婚妻子时，曾这样说：他在飞机上看到她，她落座后就手捧一本书在读，那神情仿佛世界不存在了。这个女人有点胖，不算漂亮，但就是觉得她很优雅，与众不同。

袅袅书香，熏陶出女人清雅的蕙兰之香，更帮助女人清理了内心的尘埃。从书中走出来的女人是有底蕴的，有趣的。这样的女人总能把读书当成一种享受，而她们在享受的同时，也成了一道亮丽的风景线，让人不禁驻足，心生爱慕。

曾经和朋友一起追老片《天龙八部》，觉得里面的人名起得都很好，只有阿朱和阿紫这两个名字很随意。朋友却淡淡地告诉我："不会啊，你没听过恶紫夺朱这个成语吗？我觉得最好的两个名字就是她们。"

这件事让我觉得自己特别无知。无知这个东西放在小孩子身上是天真可爱，可是我们已经是成年人了，是不是该值得反思呢？

你不爱读书，所以你看不懂名著，欣赏不了名画，那些价值连城的古董在你眼里不过是破碗碎瓷，那些文化气息浓厚的景区在你眼里既无趣又耗时，在金钱与道德之间你经常摇摆不定，在行与退之间你畏首畏尾。你不知道，其实每个人都活在自己的"狱"里，困在里面，既狭隘又无知。只有读书，才能救赎。

数百年来，读书一直是男性的特权，女人并不会同男人一样拥有平等的平台。有一天，女人学会了阅读，世界才冒出了妇女问题。因为读的书越多，智慧、手段、出路就越多。所以，读了书的女人是危险的，因为她们具有反抗意识和攻击性了。家庭对她们来说不再是唯一的归属。面对困境和动荡时，她们完全可以扛起大旗，无所畏惧，而不是柔弱地等待着被抛弃。

所以，你想成为这样的女人吗？

书不是胭脂，却会使女人青春常在；书不是兵刃，但却使女人铿锵有力。浅一层化妆是改变容颜，深一层化妆是改变灵魂，所以，姑娘，去读书吧。重重叠叠的文字背后，改变的不只是你的底蕴，更是你的命运。

"他要结婚了。"

漫漫婚姻路，他要造的孽，要悔的罪，要道的歉，通通在那吵闹又疲惫的日子里，一拨拨地从内疚演绎到烦躁。她哭泣，她尖叫，她无理取闹，通通得不到任何回应。终于，两相生厌。

三个月前，接到 Betsy 的电话，她坐在小酒馆里，一个人哭得稀里哗啦。等我匆忙赶到时，她的眼线都被哭晕了，粉底也哭花了，口红都被蹭出界了。那个将形象打理得像自己的建模一样讲究的数学界女魔头，就这样狼狈地出现在我的面前，边打着酒嗝边告诉我她离婚了。

我一点都没惊讶，他们两个人总是吵吵闹闹地过日子，烟火气过于旺盛了，或许分开才能真正安乐快活吧。

她哭着对我说："你根本不明白，当我一丝不苟地处理了原始数据，可做出来的结果不能用。当我尝试了各种排列组合，终于得到一个满意的结果，导师却说我不严谨。当我费尽心思地进行了稳健性测试，发现四个回归只有一个结果却符号相反……这就是我的婚姻啊，费尽心力，结果却是个零，什么都没有了啊！他跟着她走了，把我删得干干净净，连支付宝好友都删了……"

…………

那天晚上，我去结了账，为打碎的餐具跟老板一顿道歉，然后扛起120斤的她，回了家。第二天，我着急回北京，临走之前告诉她：给自己四个月，四个月后你要还是这么放不下，我就陪你跪着求他回来。

四个月后，我怀着有可能陪她进行下一场闹剧的忐忑，如约而至。

彼时，我看到之前那个闹哄哄的女人安静地坐在星巴克的角落里，妆容精致，只是消瘦了一大圈，还算放心。

我问："你的肉呢?"

Betsy："那是我放下过去的代价。"

我："真不错呀!"

Betsy："别羡慕，过程虐得很。"

我："不用跪着去求他了?"

Betsy："他要结婚了。"

…………

后来，在咖啡的芳香中，她给我讲了下面这些事。

是的，起初她的状态非常不好，在离婚的第一个月里，她失眠、愤怒、狂躁，好像每天自己和自己都有打不完的仗。

她不甘心为婚姻付出了那么多，可最终却被轻视、鄙夷、抛弃。明明是他因为初恋的召唤，狠心走出围墙，可承受结果的却是自己，这不公平。于是，她在怨恨、不甘、懊恼的怪圈中，走不出来了。

当她发现自己轻度抑郁的时候，已经第三个月了。有一天她不慎摔倒了，身上的疼痛居然开始让她觉得舒服，她意识到不对了。她去看了心理医生，然后开始吃药，但效果并不好。

她停下了所有的社交活动，因为她已经很难跟人正常交谈了。她只能蜷缩在被子下面，见不得光，就像游魂一样，黑夜才敢探出头来。什么都会使她害怕，什么都会使她愤怒，一句轻飘飘的话都能轻而易举地击垮她。

她想尽一切办法在网络上捕捉他的身影，微博、facebook、ins，只要他不设置屏障，她都要去找他。突然有一天，她发觉自己已经没有其他的思想，没有独立的人格，变成了他不要的衍生品。

她似乎成了一具行走的尸体，整个执着于他的过程，也就是她精神死亡的过程。

为了婚姻，为了爱情，放下自尊，连自我的存在都可以抹杀掉，耻辱地等着一个出轨的男人回心转意。她最愤怒的是她自己，一个受过高等教育的女人，居然活得这么窝囊。

可是另一边她又放不下，不是因为有多爱他，而是她付出了这么多，换来的只是背叛与嘲弄。身为一个数学老师，开始斤斤计较起来：这并不等价啊，于是心中的不甘愈演愈烈。

她苦苦煎熬着，直到有一天她破天荒地出了门。看到初秋金黄的阳光洒满了整个小区，天也蓝得明艳，空气中有人家生火做饭的人间烟火味，院子里有老人逗弄孩子的笑声，微风徐徐，十分清爽……她的世界，又鲜活起来了。

漫漫婚姻路，他要造的孽，要悔的罪，要道的歉，通通在那吵闹又疲惫的日子里，一拨拨地从内疚演绎到烦躁。她哭泣，她尖叫，她无理取闹，通通得不到任何回应。终于，两相生厌。

其实，他只是不爱她。

其实，她只是太爱自己了，容不得半点忤逆背叛。

一个人变得铁石心肠之前，也曾付出过爱与善意吧！所以原谅他吧，也放过自己。

无论外遇多美好，
都不会超过两年

爱情不该凌驾于道德之上，生活的烦恼也不会因为外遇的修成正果而迎刃而解。相反，随着时间的打磨，曾经的美好也会在一地鸡毛的琐碎生活中，变得面目可憎。而这个时间，不会超过两年。

　　我的一个朋友叫雷子，是一名编剧，写了无数个本子，一个也没卖出去，生活拮据得很。后来再相聚时，他居然衣着光鲜起来，我调笑他，本子卖出去了吧？价钱美丽吧？他有点无奈地告诉我，没卖出去，日子太难过了，他改行了。

　　令我诧异的不是他改行，而是他改行做了小三劝退师，在我印象里，这是个活在小广告里的职业。有那么一瞬间，我居然觉得他终于用自己的人生在写剧本了。

　　他说，起初他不过是为了体验一下，找找灵感，并没想长久地干下去。可是后来，他慢慢发现这个职业意义非凡。

　　在他们公司的客户中，平均每一周就有一个人自杀，一般发生在深夜，情感最脆弱的时候。想着另一半和第三者在寻欢作乐，孩子还小，不能让老人知道，更怕被朋友看热闹，走投无路找到他们，有时候消息回晚了，就可能出人命。

　　当然，在第三者中男人也并不少见。男女比例，大概为

我一遍遍地询问谢欢医生在哪，从一楼问到四楼。总算看到她了，她甚至连防护服都没穿，就在 ICU 里给患者做心肺复苏，头发凌乱，眼睛里布满了血丝。那一刻，我很感动，我想告诉她，病人跑了，我想说对不起，我救不了他……

就在这时，四叔突然出现了，手里赫然拿着他的小酒壶，一脸不屑地看着我，整个人的气质与我酝酿的情绪截然相反。

四叔一上来就踢了我一脚，还骂道："你个憨货，没用的东西！"我刚想怒目以对，他就朝着谢欢大喊着："畜生，梦总有醒的时候，该上路了！"

一瞬间谢欢顿时变了脸，狠厉的眼眸似乎能穿透皮肉，让我错愕不已。接着四叔打开了酒壶，将酒倒出些许，四周的病人、医生、护士、家属突然间一动不动了，紧接着就化成了一缕黑灰，尘埃落定，不复存在了。

惊得我心脏都要蹦出来了！

一时间，只剩下我们仨。只见谢欢缓缓走来，步伐不疾不徐，犹如万年的冰，拒绝任何阳光融化。

她冷冷地笑道："你收不了我的，你连我是什么都不知道。"

四叔："上古异兽，絜钩，真身是一只鸟。出现在哪里，哪里就会有瘟疫。死了这么多人，该收手了吧。"

只见谢欢突然悲恸起来，眼泪不可遏制，说道："你知我害人，可知我并无害人之心。几万年了，我不停地行走，生怕多留一刻，就会出现不可避免的瘟疫，漫长的孤独与寂寞，像深渊一样几乎把我吞噬。终于，我走不动了，疫情泛滥而来。我不停救人，想扭转局面，最终还是无计可施。于是我给自己营造了一个梦，就是这座医院，哪怕一切都是假的，我也想看着他们一个个活着走出去，可你连我最后的念想也毁了。算了，随你吧。"

谢欢就这样死了，我漫长的悲痛也开始了。

说完，江翔不可遏制地痛哭起来。Leo 尝试着稳定他的情绪，并安排他躺下做催眠，我适时地退了出去。

这次诊疗对于我来说，更像一个离奇的故事，可却隐藏了他的整个人生。

后来，Leo 告诉我江翔的妻子、孩子甚至邻居都是死于那场瘟疫。那一年，他的妻子谢欢在明知道自己有可能感染的情况下，还是义无反顾地回了家。病毒就这样扩散开来，他们住的那栋楼死了很多人。当时江翔正在出差，当他心急如焚地赶回来时，连妻子和孩子的尸体都没看到。

巨大的悲痛席卷而来，更可怕的是那么多失去亲人的家庭都来指责、怨怼他。他终于垮了，重度精神紊乱和妄想症。那些声讨的声音化成脑海中四叔的样子，妻子最终死在四叔手上，赎了罪。同时，他在心底默默地原谅了妻子，并营造出一切都是一场无心之失和命中注定，他在企图减轻自己的内疚，并在潜意识里安排自己未婚无子，让自己放下心中的重担，努力走出来。

我问 Leo 他会成功吗？Leo 说如果他一直能坚定这个信念就会，心理疾病就是这个样子，一切的治疗方法和药物都是辅助的，人的意志才最关键。

几个月后，我再见到江翔的时候，他正在院子里安静地晒太阳，神态自得地喃喃道："你知道絜钩吗？上古神兽，本无害人之心。"

我问他还记得谢欢和四叔吗？他一头雾水。Leo 说他已经忘了很多了，这很好，等他全忘了，才是新的开始。

是啊，只有忘了，才能迎接新生。每个人的心底都藏着或多或少的痛苦，忍受痛苦是我们活在这个世上无法逃脱的一项内容。而生活，也正像加缪《西西弗的神话》里的那个西西弗一样，不停地、重复地把石头推向山顶，直至死亡，人生的痛苦才得以结束。

所以，对于过往的惨烈，我们唯一能做的就是忘记与放下，哪怕它曾经盛大得惊天动地。人生的豁达潇洒之处，就在于永不停息地向前，背负着悲凉，却仍有勇气迎接朝阳。

布罗茨基说:"两片嘴唇似被冰封,钳成贝壳,其中潜藏着无声的咆哮。"其实如果你愿意,不管多悲戚的咆哮,都能在心底改写成一段悠扬的曲子。前路山高水远,放下过去,轻松上阵吧!

费斯汀格法则:
心态的力量

不管生活中遇到了怎样的麻烦,都请调整好心态,微笑应对,哪怕这微笑里有伤痛、不甘、愤怒,但你已经是一个成年人了,就要用成年人的姿态处理问题。

我曾看过这样一个故事。

男主人卡斯丁早晨起床洗漱时,随手将自己的手表放在洗漱台边。妻子怕手表被水淋湿,便把它放在了餐桌上。而这时正在吃早餐的儿子拿面包的时候,不小心将手表碰到地上,表摔坏了。

卡斯丁十分喜欢这块手表，一气之下将儿子打了一顿，然后又愤愤不平地数落了妻子一顿。妻子也很生气，说是怕水把手表弄湿了，而卡斯丁则辩称他的手表是防水的。于是，两个人爆发了激烈的争吵。

　　大怒之下的卡斯丁没有吃早餐就直接去了公司，然而快到公司时却突然记起忘了拿公文包，于是又掉头回家取。

　　当他到家时发现妻子已经去上班了，儿子也去上学了。但卡斯丁的门钥匙还留在公文包里，他回不了家，只好打电话向妻子求助。

　　当妻子慌慌张张地往家赶时，不小心撞翻了路边的水果摊，摊主缠着她不让走，索要赔偿，她不得不赔了一笔钱才脱身。卡斯丁拿到公文包后，返回公司已经迟到，挨了上司一顿责骂，心情更糟了。

　　下午，他又因为满满的负能量和同事吵了一架。与此同时，妻子也因为回家送钥匙被扣掉了当月的全勤奖；儿子原本有望在棒球赛中夺冠，却因为早上挨了一顿打，心情不好发挥失常，初赛就被淘汰了。

　　这个故事源于著名论断——"费斯汀格法则"，它的意思是：生活的10%是由发生在你身上的事情组成，而另外的90%则是由你对所发生的事情的反应态度所决定。简单来说，生活中只有10%的事情是偶然的、我们无法掌控的，而另外的90%则是由我们来主宰。

你的一句话、一个决定，都可能为未来埋下伏笔、隐患，所以说，在错综复杂的人生故事里，态度才是决定一切的根本。

生命的过程本就在我们的意料之外，我们实在没有必要挖空心思吹毛求疵，与自己做对，况且你都不知道你的坏情绪，会赶走多少好运气。很多时候，情绪就像隐藏在内心的小狮子，看起来很鲁莽，难以驾驭，但如果我们能够成为一名优秀的驯兽师，那它就不过是一只我们脚边温顺的大猫而已，所以，试着去感受它，尊重它，掌控它吧。

况且对于女人来说，没有什么比坏情绪更有杀伤力了，躁动的心情会使女人精神萎靡，平添了皱纹，染白了头发，熏黑了眼圈。所以，你必须学会调节自己的情绪，好好爱自己，也要好好爱身边的人，不要让自己满满的负能量，通过蝴蝶效应传播出去。

一旦你有了坏情绪，就安安静静地睡觉，吃饭，运动，看书，购物，不要将情绪传递出去。眼前的麻烦只是暂时的，总会有一束阳光，驱散开你层层的阴霾，带给你万丈光芒。相信时间能解决一切问题，不妨给时间一点时间。

身处顺境，不要张扬，要和遍地的郁金香一起绽放；身处逆境，不要放弃，要像开败的玉兰花一样，在下一个春天再与雨露约会；身处绝境，不要颓废，要像万丈深渊里的一棵杂草，虽然已无出路，也要昂起头颅，迎接阳光和希望。

不管生活中遇到了怎样的麻烦，都请调整好心态，微笑应对，哪怕这微笑里有伤痛、不甘、愤怒，但你已经是一个成年人了，就要用成年人的姿态处理问题。

亲爱的，别因为内心的无力而把日子过成一地鸡毛，也别让身边的人远离你。你不知道，抱怨、聒噪的你，会慢慢丢失掉所有的光芒与美好，很多时候，态度能让你高歌猛进，也能让你鸡零狗碎。

不可重来的一生，
好好爱自己

任何一种爱，都不能以委屈自己为代价。

在英剧《肥瑞的疯狂日记》里，有个非常不爱自己的女主 Rae。她孤僻、自卑，觉得自己是个麻烦，连活着都是一种原罪。

Rae 一直在接受心理治疗，她的心理医生反复地跟她说：

"你要试着爱自己。"直到一次，Rae绝望地对他吼道："每次治疗，你都说我要爱自己，要对自己更好一点！几个月了，你就像复读机一样！但你从未告诉过我如何开始爱自己，什么时候开始!"

心理医生说："好，那我们现在就开始。"

他先让Rae闭上眼睛，并问道："你讨厌自己什么?"

眼泪糊满Rae油腻的脸庞，她回答："我很肥，我很丑，我总是搞砸一切。"

"试着回忆一下，你讨厌自己多久了?"

"我不知道，大概从9、10岁就开始了吧。"

"听起来这个想法由来已久。"接着，他让Rae想象10岁时的自己，想象她就坐在眼前。

"现在，请你对这个小孩说：'你很肥，你很丑，你没有任何价值，你活着只会给人添麻烦。'"

Rae说不出口，她觉得这太残忍了，但心理医生却说："你已经做了，这就是你每天都在对自己做的事情。"

自我伤害否定的只有Rae吗？还有我们自己啊。想象一下那个有点笨拙、有点敏感的孩子，她就那样安安静静地坐在你面前，你望着她胆怯的眼神，要如何说出那些残忍的话？可我们却每天都在说，每天都在把自己伤害得体无完肤。

所以，当你想苛待自己、自我否定的时候，想想你会对那个孩子说什么，那就是你要对自己说的。我们内心里，也住着一个小孩啊！

自己不喜欢自己，自己不原谅自己，是一个痛苦的根源。我们受过高等教育，我们对周遭都很宽容，我们可以原谅一切误会与无心之失，却唯独忘了宽容自己。回望你的前半生，你对自己真的好吗？

亲爱的，学会爱自己吧，摆脱那些不被人爱的恐惧，摆脱那个自我厌恶的旋涡，允许自己成为自己。

我上高中的时候，唯一的爱好就是吃，体重一度飙到150斤，身高166厘米，魁梧得很。那时真的是非常自卑，总是喜欢缩在角落里，无时无刻不想把自己隐藏进人群的缝隙之中，却又无时无刻不在放大自己的丑陋与卑怯。

那时候的好朋友都是瘦子，不是我刻意激励自己减肥，而是和另外一个胖子走在一起会更滑稽。看着身边苗条的女生，在纤细的手腕上戴着各种精致的链子，还有穿着短裙时露出的细细直直的小腿，都让我羡慕得不得了。

直到后来上大学，我认识了一个男生，他高高瘦瘦的，每天活跃在篮球场上，活力四射。他很喜欢我，也很尊重我，他教会我如何运动，如何减肥，如何面对周围不友善的眼光，就这样，在他的引导下，我慢慢走出了自我否定的阴影，是的，他教会了我如何爱自己。

后来我真的瘦下来了，可我依旧没有纤细的手腕和细细直直的小腿，柔柔弱弱的女神与我相去甚远，可是我那不够修长的手却在无数个深夜帮我码出了一页又一页的字，我那不够纤细笔直的腿带我走过了无数的山山水水，更带我找到了回家的路。

我想这就是爱自己吧，照顾好自己，并接受自己的不完美，人生才完美。

如果你问我爱自己具体要怎样去做？我想就应该是像对待爱人一样对待自己。

1. 保持健康的生活方式，少熬夜，多休息，适当运动。

2. 接纳自己的平凡，同时保持适度的野心去成为更优秀的人。

3. 在婚姻里，不要忽略自己，不要迷失自己，不要委屈自己。

4. 每完成一个目标，都要给自己一个奖励，可以是一个心仪的包，一件倾心很久的衣服，一场浪漫美好的旅行。

5. 不管什么时候都要记得提升自己，自我增值，可以看书，报网络课程，听讲座。

6. 做好皮肤的保养工作，按时做面膜，用适合自己的护肤品，如非必要，尽量不化浓妆。女人过了三十，拼的不再是化妆技巧，而是皮肤底子，紧致细滑的肌肤，不仅能让你精神上神采奕奕，更能让你心灵上自信振奋。

7. 最重要的一点，爱自己永远比爱孩子多一点。你是孩子的榜样，不是孩子的保姆，孩子不会按照父母设想的那样长大，而是按照父母本身的样子长大。所以，精致、美好、自信的妈妈，才是一个合格的妈妈。

这世上，太懂事的女人往往命都不会太好。她们为了孩子付出了全部的汗水，为家庭断送了干霄凌云的前程。她们无时无地不在苛待自己：孩子成绩上不来，她们辗转难眠；家务做得不够好，她们心怀愧疚；连老公在外面有小三，她们都会对自己的形象自我否定。

她们时时刻刻都在委屈自己。她们以为这是应该的，这就是爱，其实她们错了，任何一种爱，都不能以委屈自己为代价。

死亡，并不是终将到来的事情，而是随时都会来的事情。不可重来的一生，你要好好爱自己，要三餐丰足，要四季衣暖，要平安喜乐，要接受自己。

8

钱，是一个人的胆儿

为了能让自己
有尊严地活着

很多时候，钱比命重要，没经历过你不会懂。但如果你懂了，我希望你能用力生活。

我的一个中学同学，天生话痨爱热闹，异于常人的活泼。大学时学了医，毕业很顺利地当了大夫。从业八年，性子越来越寡淡，越来越沉默。

前几天聚餐，他跟我们说"真后悔啊，当年应该选择妇产科，起码每天都能面对生命的起点，不像现在，守在肿瘤科里，天天给病人写死亡通知单。当然，衰老和死亡见多了，也没什么，都是生命的常态。不甘心的是我本可以救他，他却不愿意自救。"

后来，他给我们讲了两件事：

一个三十多岁的女人因为头疼来到医院，结果显示是脑瘤，而且是恶性的，当时颅内压已经升高了，最好的办法就是手术，手术费需要五万。

女人号啕，她是干家政给人擦玻璃的，先生是开锁配钥匙的，前些日子刚给人换完锁芯，那家就被盗了。人家怀疑和他有关，把摊子砸了，日子越来越难了。这五万，她要擦多少玻璃啊！

我开导说："你的病发现得不算晚，治好了，钱还能再挣。人要是没了，就什么都没了。"在我和护士边安慰边呵斥之下，她勉强办了住院手续，但当天晚上就悄然离去。

恶性脑瘤很难控制，无包膜，界限不明显，呈浸润性生长，速度较快。她离开医院，意味着什么？意味着死亡。

五万块是不少，那如果是五千块呢？还会有人舍弃健康，舍弃生命吗？会。

一个雨夜，急诊室里一下子冲进来好多农民工，伤者左手的中指断了，血流了一地，大家焦急地喊着大夫。

大夫看了看放在矿泉水瓶里的中指，切口很整齐，创伤面完整，于是告诉伤者："现在接回去来得及，以后手指的功能影响性也不大。"

伤者问大夫多少钱，大夫说："你有农村医疗保险吧，可以报销，但是自费的部分也要五千左右。"

伤者又问："如果截掉呢？"

大夫愣了："几百块吧。"

伤者："截掉吧。"

如果你问我，用几千块、几万块去换一条健康的生命，难道不值得吗？我只想告诉你，值不值得和肯不肯去换，这其实是两件事。

如果你的手机充满了电，打了一个电话用掉了1%，你根本不会放在心上。可是如果你的手机只剩下1%的电了呢？

有些人光是活着就已经花光了所有力气，他们只剩下这1%，他们誓死都要捍卫这1%。这1%里包含着这些满目疮痍的灵魂，不想给身边的人留下一点负担的倔强，包含了无计可施的人们生命中最后一点体面和尊严，包含了被生活责难太久的生灵，给亲人留下的最后一点爱和不舍。穷到极致，就是不能再失去。

每一张看似平静的脸下，都有一个咬紧牙关的灵魂。我们很多时候玩命地奋斗，拼命地赚钱，并不是为了什么远大前程，而是为了能让自己有尊严地活着，能让孩子不必在贫困的环境里变得敏感自卑，能让身边的男人不必为了养家而日夜奔波，能让老人不会因为心疼钱不去医院，放任病痛妄想自愈。

很多时候，钱比命重要，没经历过你不会懂。但如果你懂了，我希望你能用力生活。

有多少尊严，
折在了"穷"面前

别埋怨命运的不公平，人生本来就是一场接力赛，是一代一代的传承，你不能把它当成百米跑。上几代人有多不努力，今天你走得就要有多用力，才能赶上同行者。

01

小时候，我一直和奶奶生活在乡下。和我玩得比较好的一个女孩叫东子，她家是整个村子里唯一一户比我家还穷的。

六岁那年，我俩每天都去村口的汽车站捡瓶子，从大巴车准备进站减速时就跟着跑，在车停下来后第一时间冲到门口，生怕别人抢了先。上了车就掏出我们的大口袋搜集起来，遇到好心的乘客，没喝完水的瓶子也会给我们。

对于我们，大部分司机都十分宽容，毕竟在那个年代，农村是真的穷。

搜集完瓶子，我会第一时间去村西找收破烂的老头，换成零钱买零食。东子却不会，她舍不得花，都是拿着瓶子去服务社找她妈，她妈那时每天都骑着人力三轮车在服务社附近等活儿。

有一次，我陪她去找她妈拿钥匙，看到有个大爷扛着两袋化肥，看东子妈瘦瘦矮矮的，犹豫着要不要让她拉。东子妈赶紧挺直腰杆，满脸笑容地说："他三叔，放心吧，别看我个子小，力气可大着呢！"

至今，我都记得东子妈蹬上坡路时，咬紧牙关的样子，还有东子转过身擦掉的眼泪。

02

后来辗转多年，她家日子依旧不好过。上了大学，也是如此。钱是她的心病，是她的梦魇。对于金钱，她有着不可思议的执着和令人发指的节俭。

她几乎把所有课余时间都用在兼职上，家教、校园推销、发传单、送餐，能干的基本都干了，可即便这样，她的名字依旧和其他贫困生一起出现在催费栏里。几个醒目的仿宋体字，对于青春期女孩的自尊心，丝毫没有顾忌。

大三那年，东子谈恋爱了。两人是在勤工俭学的时候认识的，男方家庭并没有比她好太多。被贫穷打磨过的姑娘，其实比谁都理智，也更明白婚姻的价值。可是她还是被男方的努力打动了。

那样一个寒门学子，每年都能拿到国家奖学金。能借同学的专业书籍抄下来一整本，每次大考，不管考什么都能30分钟内交卷。他的努力和才华，绝对是公认的，可是她还是不确定真的有勇气从一个穷人家的女儿，变成一个穷人家的妻子。

直到一个下雪的夜晚，她在别人家做家教时，无意间透过窗子看到路灯下的他，雪花纷纷扬扬地落了他一身，他跺着脚，嘴里碎碎念着，偶尔拿出随身的单词本看一眼，时不时还抬头看看窗户，面露喜色。她这才知道，原来每次做完家教偶遇他，都是他计划好的。

一个贫寒的男孩，证明爱情最好的方式，除了对她好，还要为她去努力。他都做到了。

03

他是学医的，大学五年。她学的是建筑，大学读四年。她先毕业，签到了安哥拉，在非洲，一年10万。她哭着说："等我两年，我要用两年的时间帮家里把供我读书的债还了，然后我就回来，结婚。"

他本不同意，可他还是尊重了她的坚持。应届毕业生，哪里能赚那么多的钱，能在那么短的时间里把自己打磨出来，所以她必须走。

遥远的非洲大陆，在赤道上开疆拓土，她真的用汗水鲜活地诠释了"血汗钱"三个字的含义。

她黑了，也瘦了，连笑容都充满了坚毅。两个人悄悄说完情话，就开始一点点计算房价与归期。

04

三年后，他终于结婚了，她来随礼了。

他的父母一直都不太同意他们的事，上一代人活得真是太苦了，他们不是不懂感情，只是更懂人生的不易。对于这种"穷穷联合"的婚姻，简直就是在走上辈人的老路。毕竟，她的努力，只能把她从一个负债的穷人，变成一个纯粹的穷人。

于是，在他正式成为省城医院里一名医生的时候，他的母亲以死相逼，让他必须去相亲，对方是当地重点高中的一名老师。随后，他失了主见，随着母亲安排，以最快的速度举办了婚礼。

婚礼当天，她还是来了。看着他在台上，头顶的灯光照了他满身，她忽然想起那个雪夜，雪花纷纷扬扬的，衬得他特别好看。

婚礼结束，他躲在厕所里哭得稀里哗啦，守了这么多年的姑娘还是给弄丢了。他不怨父母，他只怨自己没能坚守。

大学五年，每次缴费都要跟学校申请延期，等奖学金下来。平时最害怕寝室同学张罗聚餐。帮别人起早贪黑写项目论文，最后署上别人的名字。大学刚毕业就已经有同学买房买车了，而他连买个电脑都要攒上半年。他害怕了，害怕未来和从前一样，还是不平等；害怕拼搏了好多年，还是买不起一套房子；害怕永远不能和别人站在同一条起跑线上。

　　凡胎肉体的身躯，对生活的精彩有着自然而然的向往。在心理和生理的较量中，后者终于占了上风。

　　爱情从来都不会因为贫穷而卑微，卑微的是人们敏感而脆弱的内心。然而，我们却不能指责他们的选择。穷孩子的进化，一定要脱一层皮，这层皮可能是尊严，可能是汗水，可能是爱情，可能是信仰，也可能全都包括了。没有这层皮，就没有质的变化。

　　别埋怨命运的不公平，人生本来就是一场接力赛，是一代一代的传承，你不能把它当成百米跑。上几代人有多不努力，今天你走得就要有多用力，才能赶上同行者。要想捡起丢失的尊严，这一刻你就要动起来，因为年纪越大，越没有人会原谅你的贫穷。

保单，
才是女人命运的载体

回到错误的最开始，让烈火焚烧，于灰烬中终结，看着满目废墟，安心离去，将自己救赎。

01

伴随着仪器刺耳的低鸣与亲友们悲痛欲绝的哭喊声，南樱觉得这一次自己真的是要死了吧。也罢，活着对于南樱来说，太贵了。

这一年，为了治病，先生卖了车，不够，又卖了房子，还不够……家里能卖的都卖了，可仍远远不够……这个一米九的壮汉缩在医院的楼梯间，哭得像个女人。

年迈的母亲死死抓着医生的白大褂号啕："不是说坚持吃药就可以吗，怎么会有抗药性了呢？那么贵的靶向药啊，我们从来没断过，怎么就救不活了呢！"哭声尖锐得犹如一把刀，似乎能把人劈开。旁边的父亲紧紧地拉着她，努力地安抚着她，也努力地安抚着自己。

闻声而来的是南樱最好的朋友珂儿，同样身为医生的她早就有心理准备，可依旧泣不成声。她只是一名影像科大夫，她只负责通知死亡，并不能阻止死亡。

这时护士焦急地把所有人喊进病房，抢救措施已经开始进行。年轻的医生一下一下地为南樱做心肺复苏，她一直是最配合的一位病人，他想拼尽全力去救她，想到眼底都渗出了雾气。医用口罩似乎阻碍了他太多想说的话，可说出来又能怎么样呢，那些挽留生命的语言总是既苍白又无力……

生命没有丝毫恢复的迹象，戴着洁白护士帽的小护士已经做好了电击的准备。

12次电击除颤，从90伏、120伏，到400伏，生死抢救60分钟，南樱还是留不住了。

也好，这一年她活得太辛苦了，从肉体到意志。

她见过因为抗癌药副作用的病人，在马桶前吐出墨绿色的胆汁，见过染着闷青色漂亮头发的小姑娘，几天之内就成了光头，见过忍受不了痛苦的小伙子拔掉针头，宁可赴死也不接受化疗，还见过舍不得花钱住院的老太太，倔强地怒骂着儿女执意要出院……这一切都太沉重了。

一年的时间里，南樱经历了化疗的各种不良反应，发烧、血小板低、神经炎、打白介素后的周身不适、血尿、尿蛋白四个加号……终于，痛苦要结束了……

只是，她执念太深了，舍不得，放不下，留不了。

身体似乎慢慢下沉，灵魂一点点上升，周围的声音越来越模糊，散开的瞳孔看到了无穷无尽的白光……

02

再次睁开眼，南樱惊讶地发现她居然回到了五年前婚礼的当天。

她穿着洁白的婚纱坐在后台化妆间，镜子里的自己眉目如画，肌肤如雪，乌黑亮丽的头发肆意地散落在肩上，这是没经历病痛折磨的自己，她又回来了。

这时，珂儿穿着漂亮的伴娘裙蹦蹦跳跳地过来催促着自己，南樱望着她，笑了笑，大家都还年轻，还有很多时间，这样就好。

那一天阳光正好，绿草茵茵，白色的百合铺满了婚礼现场。微风吹动着南樱长长的头纱，她款款走来，望着满脸幸福的先生，百感交集。

牧师虔诚地询问南樱："你是否愿意成为他的妻子，无论是顺境或逆境，富裕或贫穷，健康或疾病，快乐或忧愁，你都将毫无保留地爱他，对他忠诚直到永远?"

"我不愿意!"说完，南樱撤掉了头纱，不顾整个现场的震惊和疑问，步履坚定地向另一段人生迈进。

之后的一个月，她花了很多精力处理婚礼留下的烂摊子，包括安抚父母的情绪。

一个下午，她开车去找珂儿。珂儿有些埋怨地望着她："你不该这么任性的，至少你该去看看那个为你天天醉得不省人事的男人。"

"我这次来是想求你帮个忙，这个是我们新房的钥匙，你拿着，我知道你学过彩绘，能不能帮我在卧室里画一墙的向日葵，涂料在我车里。你知道，那是他最喜欢的花。"

"为什么？你明明喜欢他，为什么要抛下他！"

"珂儿，你不懂，我在这个世上没什么时间了，我们之间根本不可能。求你，帮我一次。"

最终，珂儿带着一脸疑问，还是妥协了。

03

转眼间，半年过去了。这半年她大部分时间都在陪父母，陪他们旅行、下棋、吃饭。从前那个整天往外跑的姑娘突然懂事起来，让两位老人既惊讶又欣慰。

这一天，珂儿哭着打电话给南樱："怎么办？我辛辛苦苦装修的房子现在被淹得一塌糊涂。我所有的钱都放在里面了啊！可是物业一直在敷衍我，他们根本不想负责任。"

"你先别哭，这件事物业负责任了赔偿也不会太多的，而且肯定会上法庭，时间也会非常长。我先过去吧，见面说。"

随后南樱风风火火地赶到，情况的确比较严重。那套曾经装修得优雅精致的房子，早已失去了从前的模样。地板高高地鼓起，吊顶掉落，木质的沙发炸裂……不过还好，只是客厅。

"珂儿，我记得你买过家财险啊，保险公司应该会赔偿吧？"

"我问过了，水淹是不理赔的，火灾才会有赔偿。"

"你看这样好不好，我看了一下，其实只有客厅被淹了，面积不是很大，我们自己伪造成火灾现场怎么样？"

"啊？这样可以吗？会不会被发现啊？火蔓延了怎么办？"

"不会的，救火本来就会留下水渍，而且客厅面积不大，我车里有灭火器，烧一会儿我就拿灭火器上来，或者直接报警。"

珂儿犹豫了一会儿，最终还是同意了。

她们在沙发上燃起了几件旧衣服，火就这样慢慢地燃了起来。南樱下楼取灭火器，珂儿紧张地让她快点回来，南樱让她放心。

走之前，南樱偷偷地拿走了珂儿的手机，并拿钥匙将门反锁了……

到了楼下，南樱倚车门点燃了一支烟，静静地看着珂儿家的阳台，她想起了很多事，很多事，历历在目。

火势越来越大，已经无法掌控，她看着珂儿趴在浓烟滚滚的阳台上大声呼救，南樱依旧无动于衷，再等一等，再等一等就打电话救她，嗯。

这时大火已经蔓延到隔壁家，她知道，那里面住的是一对年轻的夫妻。男的文质彬彬，斯文有礼；女的娇小玲珑，非常亲和，时常戴着一顶白色的运动帽，充满活力。南樱不确定他们在不在家，她有点担心。直到五分钟后，她看到男人一边用蓝色的毛巾捂住口鼻，一边把女孩拉到阳台。女孩的白帽子已经熏黑了，有点惨兮兮地戴在头上。

南樱知道不能再等了，她赶紧报了警。

04

南樱来到医院，得知年轻夫妻的伤势并不严重后，她深深地舒了口气，然后转向珂儿的病房。

40%的深度烧伤，加上肺部感染，喉管和食道的灼伤，让她痛苦不堪。嘶哑的喉咙发不出一个字，她只能怨恨地看着南樱。

"很疼对吧？麻药过了会更疼的。别恨我，我只是来讨债的。"南樱平静地说完，就笑着离开了。

满满的都是她熟悉的消毒水味，熟悉的仪器嘀嗒声，熟悉的金属碰撞声……灰暗的墙面依旧充满了死亡的孤寂。在里面躺了那么久，能以探病者的身份进来，感觉还不错。

　　她来到抢救室，看着那张她曾经躺过的床上躺着的男人，灿烂地笑了笑。男人有些震惊地看着她，然后伸出手想拉她，被她躲开了。

　　"那一墙的向日葵好看吗？那样艳丽的涂料很难找呢，毕竟苯超标了那么多倍。呵呵，不过你喜欢就好。这半年不好过吧，让我猜猜，最开始是感冒吧，然后是高烧不退，接着你的骨头会疼，医生会给你开大剂量的药，你会冷，冷到像掉进了冰窟窿。等你身体里的药代谢掉，你会恢复一些。但可怕的第二疗程也要开始了。"

　　"晚期白血病，你好不了了。我们之间，两清了。"

05

　　一阵天旋地转，白光亮到极致，终于散去。

　　南樱又回到了属于她的抢救室，年轻的医生还在拼尽全力地抢救她，小护士还在大声地呼喊着她的名字，让她保持清醒。父母的痛哭声依旧在耳边。远处的丈夫在擦眼泪时偷偷地松了口气。珂儿歇斯底里地趴在病床上，边哭边说着对不起，她还是内疚的。

　　根本就没有什么重生，那只不过是一个垂死之人最后的梦境。

她在很早的时候就感觉到不舒服，珂儿带她到自己工作的医院做了检查。三天后化验单出来了，是他丈夫取的，甲状腺癌，早期。

　　这个本来可以被治愈的癌症，就这样被丈夫隐瞒了下来，他深知是珂儿带来做的检查，没有挂号，买商业保险是有效的，于是他背地里买了巨额保险。直到珂儿质问他时，他答应把自己名下的校区房过户给珂儿，这个一心想给儿子最好的教育的女人，终于成了帮凶。

　　本来，他可以演绎一个体贴得近乎完美的丈夫，可是他在病房里打的一通电话，让这个垂死的可怜女人，得知了一切。于是，在深知已无力回天的时候，她满腔不甘与怨愤，终于在弥留之际，为自己创造了一个梦境，回到错误的最开始，让烈火焚烧，于灰烬中终结，看着满目废墟，安心离去，将自己救赎。

　　生死停留间，戴着口罩的医生化作用蓝毛巾捂住口鼻的邻居男人，顶着护士帽的小护士化作戴白帽子的年轻小妻子。父母得到了她更多的陪伴，伤害她的人也已经得到了应有的惩罚……她终于可以放心地奔向那个未知的天堂，抑或地狱。

　　…………

　　很多时候，人性就是这样在不少人那儿体现的，都是好不到哪里去，也坏不到哪里去。犹如我们，所谓的善都是和自身利益关系不大的，所谓的恶都是为了争取利益的。当然，也存在两种极端，牺牲自身利益的善，和无关利益的恶。绝大部分都是普通的利益体，会真心为素不相识的人流泪，也会为钱财和最亲近的人翻脸。这就是人性。

所以说，是一张冰冷的保单值得信任，还是最亲近的人牢不可破，这并不难区分。时光不可逆，从来就没有重来这回事，别给未来留太多考验人性的机会。

If this is a dream, the whole world is inside it.
（这是一个梦，而整个世界都在这个梦里。）

女人，
必须有一套自己的房子

女人无论怎样艰难，都必须得努力为自己的房子而奋斗，只有这样，你才可以用一种平等的方式去正视男人与婚姻。当你有了属于你自己的空间以后，你心中对情感与婚姻的落差值就会小很多。

01

　　我不知道别人能对房子执着到什么程度，但我知道，房子对于我来说就是梦想，就是信仰。

　　我家房子是那种 20 世纪 80 年代的筒子楼，砖垒的。每年夏天，牵牛花都会爬满墙，在阳光的照射下，落下一地斑驳的树影。临街的那一面，因为市容整治被刷了一层新漆，远看似乎翻新了，近看全是岁月留下的凋敝的痕迹。

　　顶楼，一居室，三十多平方米，东西向，夏天特别热，就像放在火上烤，门都不敢关，为了保护可怜的隐私，只能挂个帘子。冬天，风从四面八方吹来，感觉每个角落都在透着寒气，回家的第一件事就是进被窝，没有要命的事，休想让我从床上下来。

　　最难过的事，就是我从来没有过属于自己的房间，在小小的客厅里摆张床，就是我的全部空间。那时非常羡慕同学有自己的房间，不用太大，就可以放进所有的少女心事。等我大一些的时候，妈妈在我的床边拉了道帘子，就是我全部的私人空间了。

　　那时候，最怕家里来客人，因为一旦来了超过两个人，我就会连站的地方都没有。

　　大二快放寒假的时候和妈妈视频，妈妈裹着里三层外三层的衣服，身上还披着棉被，在手机的那头说："家里今年供暖不好，要不你晚点回来吧。"望着她殷切期盼我回家的目光，口中却说出违心的话，我的眼圈一下子就红了。

这些年，我一直很努力很努力地赚钱，我知道只有攒够了钱买房子，我妈妈才能勇敢地舍弃这片瓦遮身之地，和我那个成日在外面鬼混的爸爸离婚，我才能真正拥有一个心灵的归属地，释放我所有的不安、难过、委屈。

是的，房子是我的梦魇，房子是我的魔怔。

02

和前男友在京城那几年，我们辗转搬了好多次家，遇到过形形色色的房东，总的来说，和善的少，苛刻的多。

有的房东经常不打招呼就过来突击检查房子，生怕我们把他破旧不堪的地板磨花，斑驳脱皮的墙壁弄脏。还有的房东，在我们租的房子里供奉了神像，初一十五就过来焚香，呛得很。最头疼的一个房东，简直把我们这里当仓库，没用的东西放进来，需要用的时候再来搬，你永远不知道下班回家的时候他在不在，毫无隐私可言。

很多时候，我觉得自己就像一个被房东喂养的现代化奴隶，有限的收入基本悉数上缴。捉襟见肘的日子，我和男友吵架的次数也越来越多，毕竟年纪越来越大，没有钱，不敢买房，不敢结婚，不敢生孩子，满满的都是不安。

直到一次，我们又因为买房结婚的事吵了起来，他的意思是首付他家出，贷款和装修两个人一起攒，但是他父母不同意在房产证上加上我的名字。我气得让他滚，可是他反驳道："这个月的房租都是我交的，要滚也是你滚。"

我永远忘不了那个雨夜，我拖着巨大的行李箱，走在潮湿阴冷的巷子里，无处可归，深感人生的荒凉。

那种荒凉是发自心底的，然后钻进五脏六腑，豁开一个个口子，风从里面来来往往，寒气刺骨。

之后的很长时间，走在这个繁华的都市里，我都在细细观察，不是观察它的热闹与瑰丽，而是观察如果有一天我再被赶出来，哪个桥洞可以为我遮风挡雨。

三年后，我终于在这个城市里有了一套小小的公寓，从此再不用兵荒马乱了。

交钥匙的那天晚上，我哭了很久。这之于我，并不仅仅是一个房子，更是生存的尊严，有了它，即使流泪，都可以流得有条不紊，不必遮遮掩掩。

是的，它比男人可靠多了，至少它永远接纳，永远不离开。

每个女人都应该拥有一套属于自己的房子，这样至少你能拥有它 70 年的所有权，而一个男人你能保证拥有他的心

70 年吗？

　　所以，千万不要指望，找一个男人来解决房子问题。男人爱你的时候什么都能给你，但若有一天不爱了呢？人心是最善变的，如果有一天他要离开你了，不管他身家有多贵重，都会与你算起经济账，都会夺走他曾给予你的一切。别以为你放弃了事业，为家里付出了多少，为男人生下了孩子，就可以安安稳稳地在他的房子里落脚，真到分崩离析的时候，没有人会顾念你的付出的。很多时候，看似不近人情的顾虑，却又实实在在地反映了人性之间的复杂与多变。

　　所以，女人无论怎样艰难，都必须得努力为自己的房子而奋斗，只有这样，你才可以用一种平等的方式去正视男人与婚姻。当你有了属丁你自己的空间以后，你心中对情感与婚姻的落差值就会小很多。

　　亲爱的，别站在别人的屋檐下，你自己的家，不能靠任何人。

什么样的女人，
最可怜？

这个社会，除了赢家和输家，更多的是弃权家。弃权家随波逐流，命运把她们安置在山腰，她们就在山腰迎风；命运把她们发配到谷底，她们就在谷底发芽。

清晨，本就熙熙攘攘的早市比往常更加热闹了。热闹的中心是两个五十多岁的女人扭打了起来，她们在地上翻滚，不依不饶，头发散了，衣领开了，恶毒的言语不断涌出。有人上前试图把人拉开，无果。有人拉着孩子，厌恶地从她们附近走过。也有人饶有兴趣地全程观赏，不时地漏出猥琐的笑容。惨叫、哭泣、哀号、咒骂，在两人之间轮番上演。

可是，她们只是在抢我扔到垃圾桶里的废纸壳啊……

贫穷最可怕的是什么？是在它面前，我们原以为我们会先看到对方丑陋的样子，其实先看到的却是自己的丑样。

很多时候，贫穷和中毒一样，毒性随着血液四散开来，最后进入人的心脏，以人内心的负能量作为土壤生根发芽，继而衍生出怨天尤人与墨守成规，在无数次的循环中加重，最后铺天盖地席卷而来，让你连反抗的念想都没有了。

于是，我们在生活的磨难中跌跌撞撞，一点点与最初美好的模样背道而驰。怪谁呢？怪自己。你会一事无成，是你精心布下的局。

这么多年来，在青春的掩护下，懒惰是稚嫩，颓废是性感，迷茫是腔调。时至今日，青春不在了，谁还会宠你的下半辈子。人生已经够沉重了，别把自己变成一个包袱，别人真的扛不起，所以你非自立不可。

我知道你不爱早起挤地铁，我知道你不爱加班晚归，我知道你不爱在难得的休息日里自我升值补习短板，我知道你不爱舍弃稳定安逸的岗位跳槽到有挑战的新环境，可你所有的"不爱"都是可以等价交换的。这个交换物可能是父母老去时能够安度晚年，可能是孩子在教育资源不够平均时多的一条出路，也可能是丈夫抛弃你时你能潇洒地让他滚蛋。

有一部美剧 *Billions*，其中有一个桥段很有意思。男主是一位做对冲基金的富人，因为在"9·11"期间做空了一些股票被媒体夸大，遭到了大众的一致声讨，每天都有很多愤怒的人在男主公司门外表示抗议。有一天下雨了，示威者没来得及回去，男主便叫来几辆奢华的 Limo（豪华轿车），结果原本义愤填膺的人们，坐上 Limo 规规矩矩地回家了。

很多时候，金钱轻而易举地就能帮你搞定那些看似迫在眉睫的麻烦。所以，你必须有钱，这是你行走在俗世里，最坚不可摧的依靠。

我的一个朋友，生了二胎之后就没有出去工作。一次逛街看中了一件风衣，1000块，在百般纠结下终于买了下来。当天晚上，先生看到了购物小票，立马翻脸，雷霆大怒。原因有二：1000块钱的东西，也没回家商量下，说买就买；作为一个家庭主妇，也不出去工作，这么贵的衣服穿给谁看。

女人哭了很久，第二天去商场把衣服退掉了。

在我眼中，这和为了旧纸壳大打出手的女人差距并不大。前者是自己没给自己尊严，后者是别人没给自己尊严。是的，你把自己过得这么惨，你爸妈知道吗？

看着别的女人到处旅游到处晒风景，你羡慕吗？你跟先生说你也要去玩，他怒斥道谁看孩子？不能赚钱竟想着花钱！你预备怎么反驳？

看着老迈的父母，住在旧、破、小的房子里，冬天进屋就得盖被，夏天热得晚上不敢关门，你忍心吗？你跟先生商量想给父母买个小房子，你用他的钱他愿意吗？你的公公婆婆愿意吗？

遭遇先生出轨，你想离婚，可离了你不知道住哪，又养不起孩子，你没房也没钱，你的退路又在哪？

因为贫穷，微乎其微的争执，渺若尘埃的欲望，轻如鸿毛的灾难，都能毁掉一个女人。

《我的叔叔于勒》中有这样一段话：在富有的家庭里，一个寻快乐的人做些糊涂事情，就被旁人在微笑之中称呼他为花花公子。在日用短缺的家庭里，若是一个孩子强迫父母消耗了本钱，必然变成一个坏蛋，一个流氓，一个无赖了！

　　所以，哪怕是为了给孩子更多的宽容，你也该努力去赚钱吧！我知道谈钱很庸俗，但所有的优雅都来自于这个庸俗的东西，一旦脱离，那么吃糠咽菜是你，低眉顺眼是你，贫病交加是你，金钗换酒是你，女人最悲惨的样子，不外如此吧。

　　这个社会，除了赢家和输家，更多的是弃权家。弃权家随波追流，命运把她们安置在山腰，她们就在山腰迎风；命运把她们发配到谷底，她们就在谷底发芽。她们的人生像风吹麦动一样无方向，无所谓，也无意义。

　　人生是一场万米长跑，你身后就是巨大的狰狞，所以你得跑快一点。

9

世道艰难，你有多『狠』，就有多稳

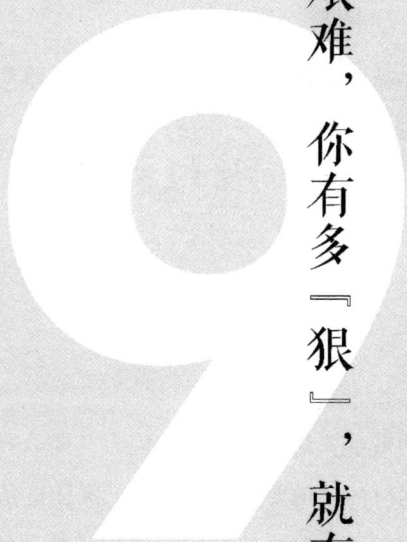

打回去!

人性如此幽深复杂,一个人既可以是优雅的绅士,也可以是慈爱的父亲,还可以是孝顺的儿子,以及家暴的老公,万般皆合理,所谓好与坏,不要太介怀。

嫁错人的婚姻,是摧残女人的钝刀,要么日复一日地要她疼,要么伺机而动地要她的命。为了保住这条命,Ariel 终于离婚了。我们约在咖啡馆见面,她化了精致的妆容,嘴唇上涂了迪奥的烈焰,穿上低胸的小洋裙,美得不像话。

她说这四年来最开心的日子是结婚那天,比那更开心的就是离婚这天了。

婚后第一天,丈夫就因为婚礼上的细节问题打了她一巴掌。之后更是愈演愈烈,她随便一句话都能惹得他不高兴动手,别人家暴了还知道跪下来忏悔求原谅,可他从来不会。他算准了她要面子,在公司和家人面前都会死撑到底。

这四年来不管北京的天有多热,她都不敢随意地穿低领衣服和短袖,因为她害怕身上的淤青会引来别人探寻的目光。每次有事晚归她都要给自己无限的勇气，才能唯唯诺诺地面对这个可怕的男人。可即使是这样的局面，她还是勇敢地给他生了一个孩子。

有了孩子后，战火依旧没有熄灭。有一次他们吵架，吓醒了睡觉的孩子。才一岁多的孩子摇摇晃晃地走到男人身边，拉着他的裤脚说："不去，不去。"

这么小的孩子，已经习惯了爸爸打妈妈，并试图去保护妈妈，让人心碎。

她说完之后，我很震惊，原来从前一直令人羡慕的完美婚姻，背地里早已腐烂发臭。

我无法想象那样一个绅士得体的男人会做出这种事。他是金融管理专业的高材生，在美国做过交换生，现在在 CBD 的一家外企做总监。我经常会看到他穿着精工剪裁的衬衫、戴着无框眼镜去接 Ariel 下班。谁会想到关起门来，他会抓着 Ariel 的头发往墙上撞。

果然，婚姻，爱情，乃至于人性的复杂程度，远远超乎人们的理解。

直到 Ariel 提出离婚那一刻，他突然恼羞成怒了，一拳一拳地往 Ariel 的肚子上打。大部分时候，他都是这样的，不能打在别人看得到的地方，毕竟他要维持一个体贴的丈夫、一个儒雅的领导形象。

令人惊喜的是，Ariel 这次终于没有再忍，她花了 1000

块找了五个流氓。这五个流氓十分敬业地冲到男人的单位，把他从高贵的总监位子上拖下来，连巴掌带拳头一顿猛打，保安拉都拉不住，周围全是看热闹的人。他们边打还边说："让你打我妹妹，让你打老婆，禽兽不如的东西。"

原本一丝不苟的头发变成了鸡窝，挺直的衬衫变成了马甲，卡地亚的眼镜少了一条镜腿，连腰带都被打飞了，曾经西装革履的精英变成了 个笑话。大领导叹了口气，竞争对手暗暗地笑，基层员工间各种八卦满天飞。

男人窘迫地离职了，同时还懦弱地离了婚。Ariel 漠然地笑道："曾经让我活在水深火热中的恶魔，原来 1000 块就可以打发掉，真是荒唐。"

有时候，完美的爱人，就是完美的谎言。你羡慕的完美婚姻，可能正是别人醒不来的噩梦。

我家邻居，是一对年过七十的老夫妇。老太太酷爱广场舞、搓麻、追剧，老头瘫痪在床，生活基本不能自理。我一直很好奇，要照顾一个生活不能自理的病人，她居然可以有大把的时间享受生活。直到那天，她家的网线断了，我去帮忙调试，一进屋，我就看到这个躺在客厅床垫上的老头，在用手抓一碗干冷的饭，饭里泛黑，似乎是酱油，连咸菜都没有。肩膀下面隐约还能看到褥疮，被子枕头都十分脏，可他早已习惯。

后来听我妈说，原来这个老太太年轻的时候，经常被丈夫打得鼻青脸肿，牙都打掉了四颗，嘴里都是假牙，现在都不敢吃硬的东西。她忍了半辈子，终于忍到了今天，把他原来对自己的伤害，连本带利地讨回来，也算对那些暴力者示警了，但老太太当时的逆来顺受难道就是日后以牙还牙的理由吗？没有更好的选择吗？

女权的对立面从来就不是男人，而是有更为复杂的因素，如文化的、法律的等，都可以写一本书了。所以，我们能做的唯有捍卫好自己。如果你不想一直忍，那么第一次就绝对不能忍。要知道家暴和出轨一样，只有零次和无数次之分。

人性如此幽深复杂，一个人既可以是优雅的绅士，也可以是慈爱的父亲，还可以是孝顺的儿子，以及家暴的老公，万般皆合理，所谓好与坏，不要太介怀。如果真不行，那么你仅需要1000块……然后，让他滚蛋。

熬过去，天会亮

在这寂寥清冷的人间剧场，一个人要从开场走到落幕，是多么的不易。可风云变幻、起起落落注定了最难的时候不会永远存在。走下去，天会亮。

书上说世界是由物质构成的，但在我看来世界却是由故事构成的。故事里的人会击钟鼎食，会落魄潦倒，会迷途知返，会一波三折。无论怎样复杂的方程式，都推算不出他们的结局，所以，才会有那么多欲求不满的人绝望，因为他们觉得天不会再亮了。

我曾看过一本书《大裂》，当时只觉得这个作者的想法十分特立独行，后米才知道他其实是一名导演，非著名。曾几次筹划自己的电影，都因无人赏识、拉不到投资而胎死腹中。他的书因为比较小众，虽有口碑，但并没赚太多钱，最终穷困潦倒。

在他的微博里，曾这样写道：

这一年，出了两本书，拍了一部艺术片，新写了一本，总共拿了两万的版权稿费，电影一分钱没有，女朋友也跑了。今天网贷都还不上，还不上就借不出……

那部《一分钱也没有》的电影，不仅一分钱没有，还让他和制作方争执不下，矛盾激烈，最终制作方压倒了他。

之后，他找了一个风和日丽的日子，整理好头发和笔记，在楼道里随便地拿了一根绳子，随便地套在头上，随便地结束了生命。

这个 1.89 米的帅气大男孩，就这样被装在袋子里，冷冻起来，以确保他不会腐烂。

然而，他不知道的是，在他死后，他的电影《大象席地而坐》获柏林电影节论坛单元最佳影片奖。电影节官方甚至称赞这部作品"视觉效果震撼""是大师级的"。

影片揭露了北方土地上某些十分常见却又深入骨髓的戾气及荒诞，处处惊心，绝望而又柔软。作者分明陷入了一种偏执的走投无路中，但其实这个死胡同是假的，是作者内心的无望，硬给安上的。其实他知道还是有出路的，但他不相信，他不相信转机，不相信希望，他只愿意相信那个死胡同，无论电影还是现实。

他的执念真重啊，重到可以压倒所有温暖和快乐。分明再撑五个月，天就亮了，可惜，他没撑过去。是啊，坚持哪有死来得舒服。

怀才不遇是过程，他却把它当成了结局。

写到这里，我突然想起了我的奶奶，想起了奶奶口中的大伯。

奶奶已经年近九十了，什么都忘就是忘不了大伯，有时候明明睡着了，门一响都能立刻坐起来喊：老大啊，是你吗？其实她的耳朵已经听不到多少声音了，一辈子的惦念成癫也好疯魔也罢，在这场时代造就的悲剧里，微小得宛如沙粒，哪怕它对个人而言，盛大得惊天动地。

后来从父亲口中得知，大伯年轻时是教书的，人很健谈，大伯母温柔善良，做得一手好菜。本是最普通的家庭，该经历着最普通的幸福和烦恼，可是那一年，一场人性的失控，把所有无辜的人都裹挟进历史的惊涛骇浪中了。

噩梦之初，是他完全没想到的，他平日里最得意的那几个学生一起把他拉下了深渊，无情地揭发了他。最开始只是剃了头，脸上涂满紫药水，跪在地上等着被"审判"。后来当人性的扭曲与荒诞经过煽动和鼓舞被最大化之后，就无所不用其极了。

在一场喧闹的大会上，他被安排和其他几个成分有问题的人横跪成一排，喝令赛跑，必须跪着跑，跑不动就爬。一群年纪轻轻、斗志昂扬的学生不断叫嚷着，时不时还上去扇几巴掌、踢几脚。

本是读书人的大伯哪经得这番羞辱，被放回家后就气病了，大伯母苦心劝他，再熬熬，世道不会总是这个样子的。此后，大伯在漫长的痛苦折磨下，终于绝望了。那是一个艳阳天，又是一个接受批判的日子，他临出门前跟大伯母说："你看外面亮吗，我怎么觉得这么黑呢？"

就在这天，一个半大的孩子踩着他的脸，破口大骂时，他发狠地咬住了对方的脚脖。于是最坏的结局，已然注定。他被关了禁闭，再见时全身找不到一块好肉，背后还插着一把菜刀。上面给出的结论是：自绝于人民。是的，背后一刀，结论是自杀。在那样的时代里，理性与人性简直就是个笑话。

他就这样惨烈且毫无尊严地走了，那时离 1976 年不到 100 天了，太阳其实就快出来了啊。

在这寂寥清冷的人间剧场，一个人要从开场走到落幕，是多么的不易。可风云变幻、起起落落注定了最难的时候不会永远存在。走下去，天会亮。如果你要问那些看到曙光的人是怎么撑过来的，其实他们大多只是笨笨地熬，他们和你一样面对刁难，无计可施。

所以，别低估生活的恶意，更别低估自己的能力。剧情远没到高潮，你还有翻盘的机会。如果实在熬不住，就去喝一杯吧，酒是成年人的糖……

我们都是命硬的人，爬也要爬到终点！所以，挺住，别停。

人前行大善，
必有杀头刀

如果天空是黑暗的，那就摸黑生存；如果行善是危险的，那就备好利刃。但不要习惯了黑暗就为黑暗辩护，也不要因为善良需要勇气就麻木不仁。我们该做的是在太阳底下，吸取足够的力量，然后再去捍卫人性中的所有的仁慈。

01

　　"我是一个国企的小领导，我们单位主要做化肥，质量时好时坏。好的时候，就是没有原材料厂家给我送礼的时候；坏的时候，就是礼收多了的时候。

　　"有一天，我办公室的空调坏了，找了维修师傅来修理。恰好暗地里沟通了很久的上游企业来送礼，这家企业居然派来了个傻小子，维修师傅还在呢，钱就递上来了。我有点慌，紧着催师傅快点，可那个师傅好像故意似的，修完了还一遍遍跟我磨叽空调需要加氟，这不是看明白了我的事想要敲一笔吗！这么多年来，我怕过谁！把他轰走后，我马上打电话去投诉他！"

02

　　"我是一家小饭馆的老板，这帮工人真是粗手粗脚的，不是摔坏我的餐具，就是弄坏我的冰箱。这大夏天的冰箱里的东西都坏了，我赶紧找了维修师傅来，修完之后师傅还警告我这里面的肉可都有味了啊，不能给顾客吃。我只能敷衍他，把他打发走，然后让服务员把肉拿到后厨，羊肉卷就用猪血染染色，牛肉就让厨师多放点调料多煮一会，鱼的话就只能做口味重的水煮鱼了。没办法，都是贵东西，小馆子利薄，哪敢扔。可谁知那个维修师傅并没走，看到后厨又把肉下锅了，一顿跟我嚷，把我气坏了。我让几个厨子把他揍了一顿，回头又打了个电话投诉他。哼！"

03

"我是一个维修工，这年月赚点钱真难，好人要赚点钱就更难了。那天我去一个化肥厂修空调，修好了之后我发现空调没氟了，就提醒了一下顾客。因为这次不加，下次再来还要收30块的上门费。可是那个顾客以为我想讹他，不仅跟我好一顿嚷嚷，还把我投诉了，哎。

"更倒霉的是第二天，我又去一个饭馆修冰箱，那里冰箱坏了挺长时间了，里面的东西都臭了，我担心他们再拿回去给顾客吃坏肚子，就一遍遍提醒，可他们一脸不耐烦。走到门口我还是不放心，又从后门进去看，结果他们真的把坏肉拿回去做了。我上前去和老板理论，老板不仅没听，还叫人把我揍了。

"这半个月被投诉了两次，我也被公司辞退了。躺在床上养伤，我越想越生气，于是给纪委打了电话，举报了那个受贿的领导。又给电视台打了电话，投诉了那个饭馆，还把手机里当时拍下的证据也给记者发了过去。没过多久，听说那个领导就落马了，那个小饭馆也关门了。"

这世上，我们看中真相，我们看中道理，可一切的真相与道理其实都是多方实力相博弈的结果。如果你不够强大，那你只能是最后被辜负的那一个。世道不会因为你软弱的善良而善待你，哪怕你在控诉，你在委屈，你在风中瑟瑟发抖，这都不是立足于世的本事。

2009 年，在广东东莞，非常普通的一天，平凡的网吧保安梁华，在工作时间看到三个偷手机的小贼，他没有坐视不管，直接抓住了其中两个。就是因为这一次见义勇为，悲剧开始了。

小偷们在被抓两个月后释放。他们直接找到梁华家里，把他的女儿绑架掠走。当时梁华的女儿仅仅 15 岁，却遭遇了轮奸、殴打、虐待，他们向 15 岁的小姑娘耳朵里塞入臭虫，甚至直接用螺丝刀向里硬推。最后，他们还将姑娘的右耳廓割去了一块。

与此同时，儿子因为接受不了突然的变故，几乎前途尽毁。

值得吗？值得敬畏。

生活会给我们的善良奖励，却不会给我们的软弱留情。所以真正的圣人都是善良却不软弱的人。在这个粗鄙的世界里，你的实力有多大，你的善良才会有多美好。

当善良足够盛大，却无实力来匹配，那么你永远不会拥有主角光环，你只能做一个微不足道的龙套。在宫斗剧里活不过第一集，在生活剧里活不到第二集。所以，亲爱的，当你面对邪恶要行善时，请先磨好刀。

如果天空是黑暗的，那就摸黑生存；如果行善是危险的，那就备好利刃。但不要习惯了黑暗就为黑暗辩护，也不要因为善良需要勇气就麻木不仁。我们该做的是在太阳底下，吸取足够的力量，然后再去捍卫人性中的所有的仁慈。

你，是无用的女人吗？

命运就像一辆马车，赶车人和拉车马都是我们自己，只要手起鞭落，狠狠地抽，一切就都有转圜的余地。

从小你就明眸皓齿，眉目如画，原生家庭也是朱门绣户，殷实富足。这样的你，完全是白富美的人设。可是有一天你爸的脑子突然坏掉了，要把你嫁给一个做小吏的老男人。只是因为你爸觉得这个老男人长得有福气，很会吹牛，将来能当上朝廷的大官。

嫁过去之后，人生就是另一番天地。这个老男人不仅有个儿子，还有个老父亲，家里穷得叮当响。不仅如此，他的流氓习气还特别重，爱酒色，不爱干活。没办法，你只能挽起袖子，学着操持家事，每天任劳任怨，起早贪黑。可那个老男人却不以为意，继续在外面闲逛喝酒吹牛逼。

几年后，你生下来一儿一女，你觉得人生又有了希望。可是晴天霹雳，那个不争气的老男人又犯了法，扔下你和孩子跑路了。随后你就被抓了起来，各种刑讯逼供，直到你对疼痛已经开始麻木，对刑具了如指掌的时候，时局乱了，你被放了出来。

你满腹怨愤，可依旧又回去撑起那个残破不堪的家。老男人呢？当了叛军，后来又扶摇直上做了首领，推翻了官府，并在这个过程中觅得真爱，对其温柔至极，宠爱有加。

乱世动荡，没过多久老男人得罪了一个军阀头子。军阀头子怒火中烧，把正在田里刨食的你和老男人的父亲抓起来做人质，其间差点把你炖了。天可怜见，老男人最终打了胜仗，你被放了出来。

你终于过上了大富大贵的日子，可你并没有丝毫懈怠，一方面帮老男人稳住局势，一方面努力培养儿子作为家业的继承人。就在这个时候，多年养尊处优貌美如花的小三，几番鼓动老男人废了你的儿子，老男人唯命是从，到处和人说要让小三的儿子继承家产。

你仰天长啸，心如止水，多年苦心经营，终究是笑话一场。人间道，何处是正道？

于是你运筹帷幄，断戟重铸，横刀立马，杀伐天下。终于，晨光起于苍穹之峡，铺满阴霾之地，你赢了。

你，为生而戮，为恨而杀，为爱而战。那些不懂你的人说你残忍，是，你是残忍。可乱世中残忍是注定的，你若不是施方，那便是受方。敌人不会放过你，爱人不会放过你，时局更不会放过你。不努力的女人，是活不下去的。

这就是吕雉，在那个时代异常励志的女人，抛开政治因素，我欣赏她的刚毅、果断、决绝。她在无数关键的时刻，都能体现证明自己的价值，所以尽管身处历史的旋涡，却并没有被抛弃。

什么样的女人结局最惨淡？不努力。这是亘古不变的命运轨迹，并且，时至今日，愈演愈烈。

那么，现在想想你是不是不努力的？你的存在对于单位是不是可有可无的？你是不是会被人轻易取代？家庭贡献有多少，是不是零收入，或是自己的收入过少。此外，在教育子女上你是不是显得无能为力，家庭面对风雨与变故的时候你是不是又无力支撑……

如果以上的答案，你都处于劣势，那么你正在被世界抛弃的路上，惨淡与悲凉在你人生的终点站，等候已久。

可能逆转吗？能啊。命运就像一辆马车，赶车人和拉车马都是我们自己，只要手起鞭落，狠狠地抽，一切就都有转圜的余地。所以，你需要动起来，去改变眼下婚姻和工作中的劣势地位，千万不能想着顺其自然，什么是顺其自然？顺其自然就是随便，随便就是要放弃，一旦放弃比赛就提前结束了，想想我刚才说的有什么在人生的终点站等你，可不可怕？

不努力，是女人对自己最深刻的惩罚。如果不想面对未来无数的灾难，就先去尝试人生的裂变吧，走出来后，你就不是从前的你了。

这世道，
唯有自己才可依靠

这个世界上若有若无的努力很多，漫不经心的敷衍很多，毫无道理的觊觎很多，贪安好逸的私心很多，可是，脚踏实地的打拼却很少。如果可以，我希望你算一个。

"楼下一个男人病得要死，那间隔壁的一家唱着留声机；对面是弄孩子。楼上有两人狂笑；还有打牌声。河中的船上有女人哭着她死去的母亲。人类的悲欢并不相通，我只觉得他们吵闹。"

这就是鲁迅笔下的世道，每个人都在为自己而活，在自己的世界里兜兜转转。一切除自己以外的人都是过客甲乙丙丁，你依靠不了任何人。

在熙熙攘攘的人群中，你仿佛置身于黑暗幽深的涵洞，世间的热闹纷扰都与你无关。你只是一个人，无枝可依地冷眼看人间。如果你自己不够强大，那终有一日会被这黑暗吞噬。

我曾看过一部电影《蓝色茉莉》，感触颇多。

作为全片的绝对主角，茉莉是一个自小被收养，很清楚自己想要什么并最终跻身上流社会的虚荣且势利的女人。

茉莉的丈夫哈尔是曼哈顿的商业名流。茉莉每天的生活从下午茶开始，之后就是去买最贵的衣服和包包，以及参加各种金迷纸醉的聚会。

茉莉跟其他贵妇的口头禅就是，我的先生总是喜欢给我制造惊喜，他太喜欢送我各种珠宝了。直到有一天，她怀疑丈夫对自己不忠而向闺蜜倾诉时，却得到了"所有人都知道，只有你一个人不知道而已"的答案。那一刻，她的骄傲被玷污，她的优雅被践踏，她的自尊被玩弄。最终，她亲手扼杀了自己通过捷径赢来的一切。

是的，她的丈夫爱上了一个法国帮佣，在激怒中她拿起电话，向联邦调查局揭发了自己的老公是个金融诈骗犯的事实。可她没想到两人会就此破产，并欠下大量债务。茉莉在哈佛读书的继子离家出走，丈夫在狱中自杀。

贫困潦倒的茉莉只能投靠同样拮据的妹妹。妹妹住在一个偏僻的街区，那里充斥着劣质的香烟，廉价的酒水，妇女们粗鲁的叫骂声……这一切都在时刻提醒她，她已经被上流社会抛弃了。

她每一天都沉浸在过去的华丽与现实的嘲讽里，直到有一天，她遇到一个富贵的单身汉，她试图再赢得一张长期饭票，让自己回到过去奢侈的生活里。于是，她撒谎说自己是室内设计师，丈夫是个外科医生，因为心脏病去世，没有孩子。

很快，富贵的单身汉就爱上了优雅迷人的茉莉，并开始筹备婚礼。可令她措手不及的是，谎言终被戳穿，未婚夫弃她而去。

最后，继子和妹妹都对她充满了厌恶，她绝望地怀念着过去的贵妇生活，并自言自语地重复着："我好怀念我在巴黎街上买的那一条迪奥高臀裙，可是现实是我却坐在这里。我一无所有。"

人们无法想象这样一个落魄潦倒的女人，一年前有着怎样光彩照人的美,享受过怎样浮华奢靡的生活。

其实,结局女主本有机会逆转,如果她一边瞒着未婚夫,一边努力考取资格证书,并求取未婚夫的原谅,或是根本不再抱有依靠别人的心思,努力靠自己经营人生。可导演偏偏就打碎了这个美梦,他撕开美好圆满的外衣,扼杀所有的希望,揭露一个残忍又真实的世界给我们看:一个跻身上流社会的女人从巅峰到谷底的全貌。于是,茉莉的故事就这样悲伤地结束了。

年轻时不靠汗水解决的问题,老了就要靠泪水解决。天赐食于鸟,绝不会偷食于巢,你不能永远躲在巢里俯首乞食。哪有什么灰姑娘,哪有什么霸道总裁,如果你把相信奇迹的时间用来相信因果报应,就会从容很多、踏实很多。

这个世界上若有若无的努力很多,漫不经心的敷衍很多,毫无道理的觊觎很多,贪安好逸的私心很多,可是,脚踏实地的打拼却很少。如果可以,我希望你算一个。

我们一生渴望被人善待于温室,仔细呵护,温柔相待,免于惊,免于苦,免于流离失所,免于无枝可依。多年之后,我们才知道,那人原是我自己。残酷的世界,我们可以依靠的,唯有自己。

时代变化太快？
是你走得太慢

每一个做了妈妈的女人都要昂首挺胸地走在前面，要优雅，要有底气，要雷厉风行。因为跟在你后面的是你的孩子，你多有本事，或是多颓废，他都在后面看着。

01

小时候家里条件不好，去的幼儿园是最便宜的，每顿饭都清汤寡水。一到放学时，孩子们馋得都能两眼冒绿光，然而我并没有，因为家里吃的还没有幼儿园好呢！

我妈懒，回家就跟我说："咱俩下面条吧。"于是，水煮好，放挂面，几片白菜叶，出锅，连点油星都没有。

有一次，我去邻居家玩，他家做的木须柿子，红黄相间，还冒着西红柿酸酸的香气，把我馋坏了，硬从麻将桌上把我妈拉下来。不知是报复我耽误她捞钱，还是真的尽了全力，我妈做的这道菜居然是腥的，现在想来，她应该是把鸡蛋和西红柿同时下了锅。不管怎样，之后我是再也没吃过这道菜。直到上了中学，在食堂里再一次吃到，我惊奇地发现，这道菜居然是甜的？里面居然放了糖！

为了不用早起给我做早饭，我妈特别喜欢蒸包子，蒸一锅能吃好几天。她蒸的包子黑黑硬硬的，死面的，馅就更不用说了。不像外面的包子，白白软软的，一咬一口油。有一次我放学回家，她告诉我这次的包子终于发起来了，我激动得热泪盈眶，结果发现只是发起来了一点点，蒸好的包子，依旧是一副半死不活的样子。

02

上了高中之后，我回来得越来越晚。可是我不管多晚回家，我妈都不在家，她总是和一堆闲赋在家的中年妇女们打麻将，宽松的居家服遮不住发福的身体，随意挽起的头发在摸牌胡牌的动作中散落。

家里一片狼藉，衣服泡在水盆里不知道几天了也没洗，水池里的盘子和碗总是堆得高高的，沙发上连坐的地方都没有，全是衣服。我爸经常因为这个和她吵架，但是真没什么用，于是，他也回来得越来越晚。

我妈也会羡慕别的女人生完孩子，身材依旧苗条，也会羡慕她们在兼顾家庭的时候，事业上还能春风得意，可是羡慕过后，她依然会回到麻将桌上，在麻将的碰撞声中蹉跎着自己的岁月。

03

除了麻将，我妈最喜欢的就是追剧了。她经常会窝在沙发上，盯着电视里的脑残剧，一会哭，一会笑，一会骂。看累了，就起来伸伸懒腰，再回床上睡一觉。通常我早上出门时家里什么样，晚上回去时还是什么样。

她每天无所事事，将烟火气息浓重的日子过到了极致。

04

有一天，放学回到家，我突然发现我妈坐在地上哭。我赶紧跑过去问她怎么了，她边哭边告诉我，我爸想申请去单位宿舍住，不愿意回家了，他肯定变心了。

我没说话，我妈觉得我没有和她同仇敌忾，不愿意了。我无奈地跟她说："妈，您看看这个家，乱成什么样了，您有多久没像样地做顿饭了。从小时候起，我最怕有家长参与的表演活动，因为您好像真的没什么特长。小时候我就羡慕别人的妈妈不仅心灵手巧，还善于打扮，总是打扮得美美的去学校门口接孩子。可您呢，这身衣服都穿了三天没换吧。平时也不喜欢读书看报，不喜欢侍弄花草，不喜欢旅行健身，连我什么时候考试，您都不知道吧？说实话，我还挺羡慕我爸有宿舍住，起码能吃到食堂的饭菜，我要是能早几年上大学就好了，也能搬出去。"

我妈听完，气得满脸通红，拿起扫把就想揍我，但是过了一会儿，她却沉默了，回到房间里，一晚上都没出来。

第二天回到家，我一脸忐忑地打开了门。家里就像过年一样，衣服整整齐齐放进了柜子里，茶几上放着洗干净的水果，餐桌上放了几枝盛开的百合花，电饭锅里飘着香气，我妈居然跟着抖音做了网红饭。

之后的日子，我的家终于和别人家一样整洁干净，时不时飘出饭菜香了。而且，我妈捡起了她之前放弃的专业，报了会计课程，每天都埋头苦学，半年之后，她重新走上了工作岗位。

她开始化妆，买衣服，做面膜，看财经新闻，去旅行。她试图将生活变得优雅且生动，我知道她做到了。

每一个做了妈妈的女人都要昂首挺胸地走在前面，要优雅，要有底气，要雷厉风行。因为跟在你后面的是你的孩子，你多有本事，或是多颓废，他都在后面看着。

所以，亲爱的，无论你是驰骋于风云骤起的职场，还是拘囿于家长里短的厨房，你精致的妆容，优雅的身材，丰厚的内涵，生动的灵魂，都是你的铠甲与武器，能够帮你抵挡人世间的种种荒凉与变化。